《建筑电气工程施工质量验收规范》
GB 50303—2015 辅导读本

张立新　主编

中国建筑工业出版社

图书在版编目(CIP)数据

《建筑电气工程施工质量验收规范》GB 50303—2015 辅导读本/
张立新主编. —北京：中国建筑工业出版社，2017.5（2023.7重印）
 ISBN 978-7-112-20694-0

Ⅰ.①建… Ⅱ.①张… Ⅲ.①电气设备-建筑安装-工程验收-
规范-中国 Ⅳ.①TU85-65

中国版本图书馆 CIP 数据核字(2017)第 086022 号

本书依托《建筑电气工程施工质量验收规范》GB 50303—2015 编写，是
新版规范的实施指南。本书内容共 3 章，包括建筑电气工程施工质量管理相关
知识；建筑电气工程施工资料管理相关知识；建筑电气工程施工资料填写
范例。

本书适合于电气专业相关人员使用，也可供相关专业在校生参考。

责任编辑：万 李 张 磊
责任校对：焦 乐 姜小莲

《建筑电气工程施工质量验收规范》GB 50303—2015 辅导读本
张立新 主编
*
中国建筑工业出版社出版、发行(北京海淀三里河路9号)
各地新华书店、建筑书店经销
北京红光制版公司制版
建工社（河北）印刷有限公司印刷
*
开本：787×1092 毫米 1/16 印张：13¼ 字数：329 千字
2017 年 5 月第一版 2023 年 7 月第六次印刷
定价：**38.00** 元
ISBN 978-7-112-20694-0
(30335)

作者简介

张立新，硕士研究生，教授级高工，从事建筑安装工程，参与编写过国家、行业和地方标准，出版过多部专著。现被聘任为住房和城乡建设部工程质量安全监管司全国工程建设标准设计专家委员会（强电专业）委员，北京市人力资源和社会保障局工程技术系列（正高级）专业技术资格评审委员会评审委员，中国施工企业管理协会国家优质工程奖现场复查专家，中国建筑业协会鲁班奖现场复查专家，北京市建筑业联合会"北京市安装工程优质奖"现场复查专家。

本 书 编 委 会

主　　编：北京天恒建设工程有限公司　　　　张立新

参　　编：北京市建设工程质量监督总站　　　张浡

　　　　　中建安装工程有限公司　　　　　　黄能方　李　波

　　　　　中国电子系统技术有限公司　　　　张彦青　孙国政

　　　　　中国新兴建设开发总公司一公司　　刘　伟

　　　　　北京城建九建设工程有限公司　　　朱　兵　程　峥

　　　　　　　　　　　　　　　　　　　　　朱　杰

　　　　　北京城建亚泰建设集团有限公司　　朱　准

　　　　　北京城建二建设工程有限公司　　　吴云峰

　　　　　北京德成兴业房地产开发有限公司　方　蕾

前　言

随着我国国民经济水平的快速发展，人民的生活和工作环境的逐渐改善，能否建造出高质量的建筑工程已成为寻常百姓关注的话题。建筑电气作为建筑工程的一个分部工程，是借助于有限的建筑空间，利用先进的电气技术，营造出舒适的生活、工作环境的一门学科。采用建筑电气工程施工质量验收标准能有效地保障建筑电气工程的施工质量，为人们提供舒适的生活和工作环境。1879 年 10 月 21 日，美国人爱迪生发明了世界上第一盏具有实用价值的电灯，也是在这一年，我国上海试燃了中国境内第一盏电弧灯，开启了我国现代电气技术应用的篇章。

改革开放前，我国建筑电气施工行业无国家标准，各地区、各企业施工质量及验收标准不尽相同。在借鉴国外先进的施工技术，总结国内建筑电气工程施工质量管理成熟经验的基础上，借助现行的施工工艺，2002 年 4 月，建设部、国家质量监督检验检疫总局联合发布了《建筑电气工程施工质量验收规范》GB 50303—2002。2002 年至 2015 年，"新技术、新工艺、新设备和新材料"在建筑工程行业得到了积极推广与应用，与此同时，建筑产品标准、建筑设计标准处于修订的活跃期，为了更好地与产品标准、设计标准相接轨，减少不必要的矛盾，国内建筑电气学者和专家开始对原条款及条文说明内容进行了必要的删除、补充和完善，2015 年 12 月，住房和城乡建设部、国家质量监督检验检疫总局联合发布了《建筑电气工程施工质量验收规范》GB 50303—2015，对建筑电气工程施工的安全性、适用性、可靠性、经济性、观感性和试验性等质量特征提出了新的规定，要求建筑电气施工技术质量人员认真理解规范的内涵，精准把握规范的精髓，在建筑电气工程施工中严格执行。新规范的实施将规范和指导我国建筑电气工程的施工质量以及验收标准，促进我国建筑电气工程的健康发展。

本书可作为设计单位、监理单位、施工单位和咨询单位的技术质量人员工作用书，在编写过程，虽经数次修改与完善，但由于作者专业技术水平有限，书中难免有错误和不妥之处，敬请行业同仁予以赐教和斧正，并将有关意见或建议发到 E-mail：zhanglixin1964@126.com。

目　　录

第一章　建筑电气工程施工质量管理相关知识

第一节　建筑电气安装工程施工质量验收规范的理解

一、我国建筑电气工程标准的发展历史

我国建筑电气工程施工质量及验收标准的发展历史，主要经历如下四个阶段：

1. 1960～1980 年期间

20 世纪 50 年代，我国建筑电气行业还未有国家统一的标准，主要是向苏联"老大哥"学习。通过国内工程技术人员虚心向苏联专家学习，不断总结施工经验，完善施工工艺，开始着手收集第一手建筑电气工程施工经验。水利电力部作为主编单位编制出《电力建设施工及验收暂行技术规范 电气装置篇》DJG 103—1963，水利电力部、浙江省基本建设委员会作为主编单位编制出《电气装置安装工程施工及验收规范》GBJ 232—1982。

2. 1980～2000 年期间

20 世纪 80 年代，我国经济体制对内改革、对外开放，以往落后的建筑管理方式已不适于建筑电气安装工程的发展，急需统一国内建筑电气工程施工质量及验收评定标准，以满足我国建筑电气工程施工质量的评定与验收。浙江省建筑工程总公司工业设备安装公司作为主编单位编制出《建筑电气安装工程质量检验评定标准》GBJ 303—1988，电力工业部作为主编单位编制出《电气装置安装工程 1kV 及以下配线工程施工及验收规范》GB 50258—1996 和《电气装置安装工程 电气照明装置施工及验收规范》GB 50259—1996。

3. 2000～2015 年期间

经过三十年的改革开放，我国建筑安装工程的施工管理水平和施工技术水平得到了迅速提高。在借鉴国外先进国家的施工技术，总结国内建筑电气工程施工质量控制和质量验收的成熟经验，完善现行施工工艺的基础上，对原标准中已经落后或不适应施工验收的内容进行调整。浙江省开元安装集团有限公司作为主编单位编制出《建筑电气安装工程施工质量验收规范》GB 50303—2002、《1kV 及以下配线工程施工与验收规范》GB 50575—2010 和《建筑电气照明装置施工与验收规范》GB 50617—2010。

4. 2015 年～至今

从 2002 年至 2015 年，《建筑电气工程施工质量验收规范》GB 50303—2002 颁布实施已经十多年了。《建筑业 10 项新技术》（2010 版）在国内加大推广与应用力度，促进了我国建筑行业的技术创新。此时，也是我国的产品标准、设计标准处于修订的活跃期，为了更好地与设计标准、产品制造标准相配套，减少设计标准与施工标准有关条款存在的不必要矛盾。根据住房和城乡建设部《关于印发 2012 年工程建设标准规范制订修订计划的通知》（建标〔2012〕5 号）的要求，浙江省工业设备安装集团有限公司作为主编单位对原

《建筑电气安装工程施工质量验收规范》GB 50303—2002 原条款及条文说明内容进行了必要的删除、补充和完善，编制出《建筑电气安装工程施工质量验收规范》GB 50303—2015。

二、修订背景

（1）2002 年至 2015 年，《建筑电气工程施工质量验收规范》GB 50303—2002 的实施已经十三年了。随着新技术的进步，新材料、设备的推出，新工艺日益成熟，需要将这些内容纳入到建筑电气工程施工质量验收规范中，并做出相应的规定，以便施工及验收标准的统一。同时，原规范中已经落后或不适应目前施工及验收的内容需要做进一步的调整。

（2）2010 年，由浙江省工业设备安装集团有限公司、宁波建工股份有限公司主编的《1kV 及以下配线工程施工与验收规范》GB 50575—2010 和《建筑电气照明装置施工与验收规范》GB 50617—2010 相继颁布实施，需要作进一步的补充完善，借此契机，对上述两部标准的实施进行总结和征求意见。

（3）2008 年，《民用建筑电气设计规范》JGJ/T 16—2008 修订完成，正式颁布实施。同时，近年来一些电气产品的制造标准也大量修订并颁布实施。客观上要求对原规范内容进行补充和调整。

（4）2013 年，《建筑工程施工质量验收统一标准》GB 50303—2013 修订完成并颁布实施，从建筑行业的未来发展，要求必须对《建筑电气工程施工质量验收规范》GB 50303—2002 的内容进行修订。

三、基本思路

（1）近年来，我国研发出很多新的电气设备、材料，在工程项目中被推广和应用；新的施工技术、工艺日益成熟，在工程项目中被采纳和消化。标准编制组需要了解这些"四新技术"的特点，准确把握它们的施工工艺，列入修订内容，以便使科学技术指导建筑电气工程施工质量及验收。

（2）我国的产品标准、设计标准、建筑工程施工质量验收标准近年来不断修订，有些标准已颁布实施。不可否认的是，这些标准同样的条款内容，其条文说明有不同的表述。为了更好地与设计标准、产品制造标准及机电安装工程有关施工质量验收规范相衔接，有利于相关标准执行过程中的相互统一，达到求同存异的目的。

（3）原规范中不适应当前施工及验收需要的内容进行补充、完善、调整和删除，做到新规范的内容与时俱进。

（4）新规范要反映我国政府对建筑行业当前和未来发展的产业"绿色、节能、环保、安全"的要求。

四、适用范围

本规范适用于电压等级为 35kV 及以下电气安装工程施工质量验收。随着我国国民经济水平的提高，建筑工程的用电量在不断上升，建筑工程中已大量采用 35kV 电压等级的变配电设备，因此新版规范其电压等级进行了调整，由旧版规范适用电压等级 10kV 及以下修改为 35kV 及以下。

五、颁布实施的意义

（1）新规范对新产品、新工艺的内容及时进行了补充，使得施工质量与验收检查有机衔接。

（2）建筑工程施工质量验收统一标准、设计标准和产品标准的相关内容在建筑电气工程标准的适用范围、条款和条文说明做到尽可能统一。

（3）原规范内容不适应当前需要的条款、强制性条文、条文说明，在新规范内容中将进一步补充、完善、调整和删除。

（4）国家产业政策要求将在新规范中得到体现。

（5）新规范的实施，将会为今后一段时期的建筑电气工程施工验收做出明确的指导。由于本规范涉及行业多、使用范围广，相信新规范颁布实施后，将会促进我国建筑电气工程的发展，并由此给企业带来良好的经济效益和社会效益。

六、新版规范变动的主要内容

《建筑电气工程施工质量验收规范》GB 50303—2015 于 2016 年 8 月 1 日起正式实施。新修订的《建筑电气工程施工质量验收规范》按照"验评分离、强化验收、完善手段、过程控制"的指导原则，与《建筑工程施工质量验收统一标准》GB 50300—2013 保持一致。

（1）新版规范 GB 50303—2015 分为 25 个章节，7 个附录；旧版规范 GB 50303—2002 分为 28 个章节，5 个附录。

（2）新版规范 GB 50303—2015 将适用范围的电压等级从"10kV 及以下"修改为"35kV 及以下"。近年来，民用建筑工程用电量的不断上升，35kV 电压等级的变配电设备普遍使用，所以需要修改。

（3）新版规范 GB 50303—2015 删除旧版规范 GB 50303—2002 第 4 章节"架空线路及杆上电气设备安装"的内容。

（4）新版规范 GB 50303—2015 增加第 15 章节"塑料护套线直敷布线"的内容。

（5）针对新版设计规范的颁布实施，新版规范 GB 50303—2015 增加了低压、特低压线路的相关安装技术要求。

（6）新版规范 GB 50303—2015 补充了对电气设备"回路末端电压降、剩余电流动作保护器"、"导线或母线连接温度及接地故障回路阻抗"的测试要求。

（7）新版规范 GB 50303—2015 补充了材料设备进场验收、施工质量验收的检查方法和检查数量。

（8）新版规范 GB 50303—2015 对旧版规范 GB 50303—2002 继续沿用的条文说明部分内容进行了补充、完善和调整。

（9）根据《建筑工程质量验收统一标准》GB 50300—2013 的要求，《建筑电气工程施工质量验收规范》GB 50303—2015 新规范中的"验收的程序"、"单位（子单位）工程"、"分部（子分部）工程"、"分项工程和检验批的划分原则及判定方式"、"发生工程质量不符合规定的处理方式"、"验收中使用的表格及填写方法"等均要与《建筑工程质量验收统一标准》保持一致。

1）涉及的子分部

新版规范中的子分部内容表

01	02	03	04	05	06	07
室内电气安装工程	变压器安装工程	供电干线安装工程	电气动力安装工程	电气照明安装工程	备用和不间断电源安装工程	防雷及接地装置安装工程

2）涉及的分项

新版规范中的分项内容表

1	变压器、箱式变电所安装	12	塑料护套线直敷布线
2	成套配电柜、控制柜（屏、台）和动力、照明配电箱（盘）安装	13	钢索配线
3	低压电动机、电加热器及电动执行机构检查接线	14	电缆头制作、导线连接和线路绝缘测试
4	柴油发电机组安装	15	常用灯具安装
5	不间断电源及应急电源安装	16	专用灯具安装
6	低压电气动力设备试验和试运行	17	开关、插座、风扇安装
7	母线槽安装	18	建筑物照明通电试运行
8	梯架、托盘和槽盒安装	19	接地装置安装
9	导管敷设	20	防雷引下线和变配电室接地干线敷设
10	电缆敷设	21	接闪器安装
11	管内穿线和槽盒内敷设	22	建筑物等电位联结

3）新版规范的验收程序

① 检验批由专业监理工程师组织施工单位项目专业质量检查员、专业工长等进行验收。

② 分项工程由专业监理工程师组织施工单位项目专业技术负责人等进行验收。

③ 分部工程由总监理工程师组织施工单位项目负责人和项目技术负责人等进行验收。

4）分部、分项、检验批的划分可按《建筑工程施工质量验收统一标准》GB 50300—2013 中4.0.3、4.0.4、4.0.5条和《建筑电气工程施工质量验收规范》GB 50303—2015 中3.4.2条实施。

3.4.2 检验批的划分应符合下列规定：

1 变配电室安装工程中分项工程的检验批，主变配电室为1个检验批；有数个分变配电室，且不属于子单位工程的子分部工程，各为1个检验批，其验收记录汇入所有变配电室有关分项工程的验收记录中；如各分变配电室属于各子单位工程的子分部工程，所属分项工程各为1个检验批，其验收记录即为分项工程验收记录，经子分部工程验收记录汇总后纳入分部工程验收记录中；

2 供电干线安装工程分项工程的检验批，依据供电区段和电气线缆竖井的编号划分；

3 电气动力系统和电气照明系统安装工程中分项工程的检验批，其划分的界区，应与建筑土建工程一致；

4 自备电源和不间断电源安装工程中分项工程各自成为 1 个检验批；

5 防雷及接地装置安装工程中分项工程的检验批，人工接地装置和利用建筑物基础钢筋的接地体各为 1 个检验批，大型基础可按流水段区域划分成几个检验批；防雷引下线安装 6 层以下的建筑为 1 个检验批，高层建筑依均压环设置间隔的层数为 1 个检验批；接闪器安装同一屋面为 1 个检验批；

6 建筑物总等电位联结为 1 个检验批，每个局部等电位联结为 1 个检验批，电子系统设备机房为 1 个检验批；每个局部等电位联结可按一个楼层为 1 个检验批；

7 室外电气安装工程中分项工程的检验批，依据庭院大小、投运时间先后、功能特点不同划分。

5）施工质量不符合要求时的处理办法

① 经返工或返修的检验批，应重新进行验收。

② 经有资质的检测机构检测鉴定能够达到设计要求的检验批，应予以验收。

③ 经有资质的检测机构检测鉴定达不到设计要求，但经原设计单位核算认可能够满足安全和使用功能的检验批，可予以验收。

④ 经返修或加固处理的分项分部工程，满足安全及使用功能要求时，可按技术处理方案和协商文件的要求予以验收。

6）质量控制资料核查记录

① 图纸会审记录、设计变更通知单、工程洽商记录。

② 原材料出厂合格证书及进场检验、试验报告。

③ 设备调试记录。

④ 接地、绝缘电阻测试记录。

⑤ 隐蔽工程验收记录。

⑥ 施工记录。

⑦ 分项分部工程质量验收记录。

⑧ 新技术论证、备案及施工记录。

7）安全和功能检验资料核查及主要功能抽查记录

① 建筑照明通电试运行记录。

② 灯具固定装置及悬吊装置的载荷强度试验记录。

③ 绝缘电阻测试记录。

④ 剩余电流动作保护器测试记录。

⑤ 应急电源装置应急持续供电记录。

⑥ 接地电阻测试记录。

⑦ 接地故障回路阻抗测试记录。

（10）新规范中就高压部分给出要求，在建筑电气工程中，属于电网电力供应的高压终端，在投入运行前必须作交接试验，试验标准统一按国家标准《电气装置安装工程 电气设备交接试验标准》GB 50150 执行。

第二节 建筑电气工程施工质量验收规范注意的内容

一、总则的要求

《建筑电气工程施工质量验收规范》GB 50303—2015 中 1.0.2 本规范适用于电压等级为 35kV 及以下建筑电气安装工程的施工质量验收。新规范变化如下：

（1）本标准规定了工厂装配的、额定电压为 3.6～40.5kV、户内或户外安装的、频率为 50Hz 及以下的交流金属封闭开关设备和控制设备的各项技术要求，与《3.6kV～40.5kV 交流金属封闭开关设备和控制设备》GB 3906—2006 相适应；

（2）不包括工业安装工程。

二、术语的要求

电缆桥架更名为电缆梯架、电缆托盘、槽盒：

《建筑电气工程施工质量验收规范》GB 50303—2015 中 2.1.11 电缆梯架 cable ladder 带有牢固地固定在纵向主支撑组件上的一系列横向支撑构件的电缆支撑物。2.1.12 电缆托盘 cable tray 带有连续底盘和侧边，但没有盖子的电缆支撑物。电缆托盘可以是带孔的或是网格状的。2.1.13 槽盒 trunking 用于围护绝缘导线、电缆，带有可移动盖子的封闭外壳。新规范变化如下：

（1）《建筑电气工程施工质量验收规范》GB 50303—2015 与《低压配电设计规范》GB 50054—2011 术语相互统一；

（2）电缆梯架、电缆托盘内只能敷设电缆；

（3）槽盒不宜同时敷设电线和电缆。

三、基本规定的要求

1. 特低电压、低压、高压的界定

《建筑电气工程施工质量验收规范》GB 50303—2015：3.1.2 电气设备、器具和材料的额定电压区间划分见表 3.1.2（本书表 1-1）的规定。

额定电压区间划分　　　　　　　　　　　　　　　　　表 1-1

额定电压区间	交流	直流
特低压	50V 及以下	120V 及以下
低压	50V～1.0kV（含 1.0kV）	120V～1.5kV（含 1.5kV）
高压	1.0kV 以上	1.5kV 以上

额定电压区段：交流 50V、直流 120V 及以下为特低压，新规范增加了特低压区段；

额定电压区段：交流 50V～1.0kV（含 1.0kV）、直流 120V～1.5kV（含 1.5kV）为低压；

额定电压区段：交流 1.0kV、直流 1.5kV 以上为高压。

特低电压（ELV）是指：电击防护中直接接触及间接接触两者兼有的防护措施。

特低电压系统分为以下三种类型：

（1）安全特低电压 SELV（safety extra low voltage）系统：在正常条件下不接地，且电压不能超过特低电压的电气系统；

（2）保护特低电压 PELV（protective extra low Voltage）系统：在正常条件下接地，且电压不能超过特低电压的电气系统；

（3）功能特低电压 FELV（functional extra low Voltage）系统：非安全目的而为运行（功能）需要的电压不超过特低电压的电气系统。

什么场所采用上述系统由设计来决定，《安全电压》GB/T 3805—1983、《特低电压限值》GB/T 3805—2008 规定：我国将安全电压额定值（工频有效值）的等级规定为：42V、36V、24V、12V 和 6V。具体选用时，应考虑使用环境、人员和使用方式等因素：

（1）特别危险环境中使用的手持电动工具应采用 42V 安全电压；

（2）有电击危险环境中使用的手持照明灯和局部照明灯应采用 36V 或 24V 安全电压；

（3）金属容器内、特别潮湿处等特别危险环境中使用的手持照明灯应采用 12V 安全电压；

（4）水下作业等场所应采用 6V 安全电压。

2. 主要设备、材料成品和半成品进场验收的要求

《建筑电气工程施工质量验收规范》GB 50303—2015：3.2.2 实行生产许可证或中国强制性认证（英文为 China Compulsory Certification，简称为 CCC 认证）产品，应有许可证编号和强制性产品认证标识，并应抽查生产许可证或强制性认证证书的认证范围、真实性和有效性。新规范变化如下：

（1）取消免检（名牌）产品不宜做抽样检测的条文；

（2）进口设备是否提供中文的说明书等资料由合同约定；

（3）进口设备如断路器等在国内组装仍需符合 3.2.2 条规定做相关认证。

3. 灯具接线的要求

《建筑电气工程施工质量验收规范》GB 50303—2015：3.2.10 照明灯具及附件进场验收应符合下列规定：2 外观检查：1）灯具涂层完整，无损伤，附件齐全。Ⅰ 类灯具的外露可导电部分应有专用 PE 端子；2）固定灯具带电部件及提供防触电保护的部位应为绝缘、耐燃材料；3）应急照明灯具应获得消防产品型式认可证书，具有标识；4）疏散标识指示灯具的保护罩应完整、无裂纹；5）游泳池和类似场所灯具（水下灯及防水灯具）的防护等级符合设计要求，当对其密封和绝缘性能有异议时，按批抽样送有资质的第三方检测机构检测；6）内部接线为铜芯绝缘导线，导线截面不得小于 0.5mm²，橡胶或聚氯乙烯（PVC）绝缘导线的绝缘层厚度不得小于 0.6mm。新规范变化如下：

（1）灯具内部的接线为铜芯绝缘导线，导线截面积不小于 0.5mm²；

（2）引向单个灯具的导线是指从配电回路的灯具接线盒引向灯具的这一段线路，灯具内部的连接导线与灯具外部连接导线是有严格的区别，选择导线时应格外注意。《建筑电气工程施工质量验收规范》GB 50303—2015：18.2.1 引向单个灯具的导线截面积应与灯具功率相匹配，绝缘导线线芯最小允许截面积不应小于 1mm²。

4. 热浸镀锌层厚度的要求

《建筑电气工程施工质量验收规范》GB 50303—2015：3.2.15 金属镀锌制品进场验收

应符合下列规定：3 埋入土壤中的热浸镀锌制品应检测其镀锌层厚度，其厚度不得小于 $63\mu m$。新规范变化如下：

（1）金属镀锌制品进场验收应检测其镀锌层厚度；

（2）金属镀锌制品进场验收，其镀锌层厚度应符合《金属覆盖层 钢铁制件热浸镀锌层 技术要求及试验方法》GB/T 13912—2002 的规定，如表 1-2 所示。

热镀锌层厚度的标准与镀锌工件的厚度 表 1-2

序号	工件的厚度	热镀锌层平均厚度（μm）	热镀锌层局部厚度（μm）
1	厚度≥6mm	85	70
2	3mm≤厚度＜6mm	70	55
3	1.5mm≤厚度＜3mm	55	45

四、成套配电柜、控制柜（台、箱）和配电箱（盘）安装的要求

1. 接零保护线（PEN）

《建筑电气工程施工质量验收规范》GB 50303—2015：5.1.1 柜、台、箱的金属框架及基础型钢应与保护导体可靠连接；对于装有电器元件的可开启门，门和金属框架的接地端子间应选用截面积不小于 $4mm^2$ 黄绿双色绝缘铜芯软导线连接，且应有标识。新规范变化如下：

（1）《建筑电气工程施工质量验收规范》GB 50303—2015：6.1.1 柜、屏、台、箱、盘的金属框架及基础型钢必须接地（PE）或接零（PEN）可靠；装有电器的可开启门，门和框架的接地端子间应用裸编织铜线连接，且有标识。新规范不提倡采用裸编织铜线；

（2）主要考虑到裸编织铜线表面易氧化、锈蚀特点，新规范修改为黄绿双色绝缘铜芯软导线。

2. 绝缘电阻测试

《建筑电气工程施工质量验收规范》GB 50303—2015：5.1.6 对于低压成套配电柜、箱及控制柜（台、箱）间线路的线间和线对地间绝缘电阻值，馈电线路不应小于 $0.5M\Omega$，二次回路不应小于 $1M\Omega$；二次回路的耐压试验电压应为 1000V，当回路绝缘电阻值大于 $10M\Omega$ 时，应用 2500V 兆欧表代替，试验持续时间应为 1min，或符合产品技术文件要求。新规范变化如下：

（1）新规范未做特殊规定时，采用兆欧表的电压等级应按《电气装置安装工程 电气设备交接试验标准》GB 50150—2006：1.0.10 测量绝缘电阻时，采用兆欧表的电压等级，在本标准未作特殊规定时，应按下列规定执行：

1）100V 以下的电气设备或回路，采用 250V50MΩ 及以上兆欧表；

2）500V 以下至 100V 的电气设备或回路，采用 500V100MΩ 及以上兆欧表；

3）3000V 以下至 500V 的电气设备或回路，采用 1000V2000MΩ 及以上兆欧表；

4）10000V 以下至 3000V 的电气设备或回路，采用 2500V10000MΩ 及以上兆欧表；

5）10000V 及以上的电气设备或回路，采用 2500V 或 5000V10000MΩ 及以上兆欧表；

6）用于极化指数测量时，兆欧表短路电流不应低于 2mA。

（2）低压电气设备、器具的绝缘电阻数值应符合表 1-3 规定。

绝缘电阻数值表（单位：MΩ）　　　　表 1-3

0.5	1	2	5	20
低压配电开关柜及保护装置、馈电线路（组对后母线槽）；直流屏主回路；低压电动机等；特低压配电线路	二次回路，500 及其以上配电线路	灯具、UPS 输入输出短对地间	开关、插座	组对前，单节母线槽

3. 回路阻抗测试

《建筑电气工程施工质量验收规范》GB 50303—2015：5.1.8 低压成套配电柜和配电箱（盘）内末端用电回路中，所设过电流保护电器兼作故障防护时，应在回路末端测量接地故障回路阻抗，且回路阻抗应满足下式要求：

$$Z_s I_a \leqslant U_0 \tag{5.1.8}$$

式中　Z_s——实测接地故障回路的阻抗（Ω）；

　　　U_0——相导体对地的中性导体的电压（V）；

　　　I_a——保护电器在规定时间内切断故障回路的动作电流（A）。

（1）抽查回路时应选择用电回路线路相对较长且导线中间连接点相对较多的回路，以检验导线连接点的连接质量，测试可采用带有回路阻抗测试功能的测试仪表进行检测；

（2）导致回路阻抗值超限值原因：①导体选择不当；②线路过长；③连接点接触不好；

（3）本条款的实质是规定接地故障回路阻抗不能太大。否则，当发生接地故障时，因接地故障回路的电流太小而导致保护电器不动作，引起电击事故的发生。为此，应对接地故障回路的阻抗进行计算，确保满足该条规定。

《低压配电设计规范》GB 50054—2011：5.2.8 TN 系统中配电线路的间接接触防护电器的动作特性，应符合下式的要求：$Z_s I_a \leqslant U_0$

式中　Z_s——接地故障回路的阻抗（Ω）；

　　　I_a——保证保护电器在规定的时间内自动切断故障回路的电流（A）；

　　　U_0——相导体对地标称电压（V）。

4. 剩余动作电流测试

《建筑电气工程施工质量验收规范》GB 50303—2015：5.1.9 配电箱（盘）内的剩余电流动作保护器（RCD）应在施加额定剩余动作电流（$I_{\Delta n}$）的情况下测试动作时间，且测试值应符合设计要求。

（1）测试实际动作时间：测试漏电保护器的剩余电流动作保护器测试仪接入任意相线和 PE 线，通过仪表内负载（电阻）产生额定剩余动作电流（$I_{\Delta n}$），并同时监测相线对 PE 线电压消失时间，此时间即为保护电器实际动作时间，测试实际动作时间数值不应大于设计要求的动作时间数值限值；

（2）测试实际动作电流：测试漏电保护器的剩余电流动作保护器测试仪接入任意相线和 PE 线，通过仪表内负载（电阻）产生固定步长（例如 1mA/0.1s）的剩余电流，同时监测相线对 PE 线的电压，仪表显示电压消失时的电流即为保护电器实际动作电流，测试实际动作电流数值不应大于设计要求的动作电流数值限值；

（3）剩余电流动作保护器测试仪，又叫漏电开关检测仪、漏电保护器测试仪、剩余电流动作保护器检测仪、漏电开关测试仪、RCD 检测仪。

5. 多芯铜芯绝缘软导线端头处理

《建筑电气工程施工质量验收规范》GB 50303—2015：5.2.9 柜、台、箱、盘面板上的电器元件连接导线应符合下列规定：1 连接导线应采用多芯铜芯绝缘软导线，敷设长度应留有适当裕量；2 线束宜有外套塑料管等加强绝缘保护层；3 与电器元件连接时，端部应绞紧、不松散、不断股，其端部可采用不开口的终端端子或搪锡；4 可转动部位的两端应采用卡子固定。新规范变化如下：

（1）软导线与电器元件连接，其端部可采用终端端子或搪锡，当设备上的电器连接端采用螺纹压紧方式时，其软导线端部应采用不开口的终端端子。

（2）当采用与专用工具配套的导线连接件时，就不必采用不开口的终端端子或搪锡工艺。

五、应急照明电源

《建筑电气工程施工质量验收规范》GB 50303—2015：7 柴油发电机组安装和 8 UPS 及 EPS 安装中，柴油发电机组、不间断电源及应急电源装置均是自备电源，在特殊环境下可为照明系统提供电源。

应急照明是在正常照明系统因供电电源发生故障或切断，不能提供正常照明的情况下，保障人员安全疏散或继续工作的照明。应急照明包括以下三种：即备用照明、疏散照明、安全照明：

（1）备用照明：正常照明电源发生故障时，为确保人员正常工作继续进行而设的应急照明部分；备用照明灯具的转换时间不应大于 5s。

（2）疏散照明：在发生自然灾害或火灾时，而导致正常照明发生故障，为保证人员能找到疏散通道，迅速疏散到安全地带而设的应急照明部分；疏散照明灯具的转换时间不应大于 5s。

（3）安全照明：为确保处于潜在危险中人员的安全而设的应急照明部分；安全照明灯具的转换时间不应大于 0.5s。

应急照明电源类型有：与正常电源分开的馈电线路；柴油发电机组；应急电源装置。

应急电源安装方式有：灯内自带蓄电池；集中设置的蓄电池组；分区集中设置的蓄电池组。

六、导管敷设的要求

1. 机械连接的金属导管应可靠连接

《建筑电气工程施工质量验收规范》GB 50303—2015：12.1.1 金属导管应与保护导体（PE）可靠连接，并符合下列规定：1 镀锌钢导管、可弯曲金属导管和金属柔性导管不得熔焊连接；2 当非镀锌钢导管采用螺纹连接时，连接处的两端应熔焊焊接保护联结导体；3 镀锌钢导管、可弯曲金属导管和金属柔性导管连接处的两端宜采用专用接地卡固定保护联结导体；4 机械连接的金属导管，管与管、管与盒（箱）体的连接配件应选用配套部件，其连接符合产品技术文件要求，当连接处的接触电阻值满足现行国家标准《电气安装用导管系统 第1部分：通用要求》GB/T 20041.1 的相关要求时，连接处可不设置保护联结导体，但导管不应作为保护导体（PE）的接续导体；5 金属导管与金属梯架、托盘或槽盒连接时，镀锌材质的连接端宜用专用接地卡固定保护联结导体，非镀锌材质的连接处应熔焊焊接保护联结导体；6 以专用接地卡固定的保护联结导体应为铜芯软导体，截面积不应小于 4mm²；以熔焊焊接的保护联结导体宜为圆钢，直径不应小于 6mm，其搭接长度应为圆钢直径的 6 倍。新规范变化如下：

（1）机械连接仅指紧定式连接和扣压式连接，采用这种连接方式的导管不应作为保护导体的接续导体；

（2）当非镀锌钢导管、镀锌的钢导管、可挠性导管、薄壁钢导管敷设，距地高度可借鉴《建筑电气工程施工质量验收规范》GB 50303—2015：18.1.6 除采用安全电压外，当设计无要求时，敞开式灯具的灯头对地面距离应大于 2.5m。否则应采取接地保护措施；

（3）管与盒（箱）体采用锁母配件连接，导管不应作为保护导体的接续导体，利用 $\phi6$ 的钢筋与焊接钢管做跨接地线。

2. 导管穿越密闭隔墙的要求

《建筑电气工程施工质量验收规范》GB 50303—2015：12.1.4 导管穿越密闭或防护密闭隔墙时应设置预埋套管，预埋套管的制作和安装应符合设计要求，套管长度宜为 30～50cm，导管穿越密闭穿墙套管的两侧应设置过线盒，并应做好封堵。如图 1-1 所示，新规范变化如下：

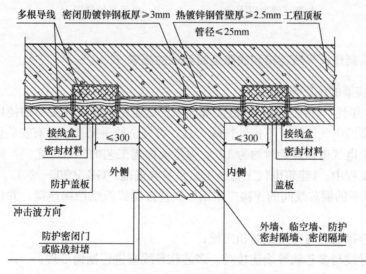

图 1-1　墙体预埋套管、接线盒示意图

（1）人防工程的导管穿越密闭隔墙时应设置预埋套管，有利于战时临时电缆的敷设；

（2）套管长度宜为 30～50cm，导管穿越密闭墙体的两侧设置接线盒，并做好封堵，防止有毒气体的侵入。

七、电缆敷设的要求

1. 电力电缆终端处的金属保护层必须接地：

《建筑电气工程施工质量验收规范》GB 50303—2015：13.1.6 当电缆穿过零序电流互

感器时，电缆金属护层和接地线应对地绝缘。对穿过零序电流互感器后制作的电缆头，其电缆接地线应回穿互感器后接地；对尚未穿过零序电流互感器的电缆接地线应在零序电流互感器前直接接地。

（1）三芯电力电缆终端处的金属保护层必须接地良好；塑料电缆每相铜屏蔽和钢铠应锡焊接地线；

（2）电缆通过零序电流互感器时，电缆金属保护层和接地线应对地绝缘；

（3）电缆接地点在互感器以下时，接地线应直接接地，如图 1-2 所示；接地点在互感器以上时，接地线应穿过互感器接地，如图 1-3 所示。

图 1-2　接地点在零序　　　　　图 1-3　接地点在零序
电流互感器以下　　　　　　电流互感器以上

八、电缆头制作、导线连接和线路绝缘测试的要求

1. 导线连接器的推广与应用

20 世纪 40 年代，导线连接器在欧美等国家广泛应用，导线连接器的使用不仅可实现不同导线间可靠的电气连接，不借助特殊工具，可完全徒手操作，具有安装快捷、高效的特点，平均每个电气连接点耗时约为 10s，为传统焊锡工艺的三百分之一，现已推广和应用于建筑电气工程中。《建筑电气工程施工质量验收规范》GB 50303—2015：17.2.3 截面积在 6mm² 及以下的铜芯线间的连接应采用导线连接器或缠绕搪锡连接，并件应符合下列规定：

（1）导线连接器应与导线截面相匹配；

（2）单芯导线与多芯软导线连接时，多芯软导线应进行搪锡处理；

（3）与导线连接器连接后不应明露导线；

（4）采用机械压紧方式制作终端头时，应使用确保压接力的专用工具；

（5）多尘或潮湿场合，导线连接器的防护等级应为 IP5X 或 IPX5。

九、普通灯具安装的要求

1. 悬吊式灯具的安装要求

《建筑电气工程施工质量验收规范》GB 50303—2015：18.1.2 悬吊式灯具的安装应符合下列规定：1 带升降器的软线吊灯在吊线展开后，灯具下沿应高于工作台面 0.3m；2 质量大于 0.5kg 的软线吊灯，灯具的电源线不应受力；3 质量大于 3kg 的悬吊灯具，固定在螺栓或预埋吊钩上，螺栓或预埋吊钩的直径不应小于灯具挂销直径，且不小于 6mm；4 采用钢管作灯具吊杆时，其内径不小于 10mm，壁厚不小于 1.5mm；5 灯具与固定装置及灯具连接件之间采用螺纹连接的，螺纹啮合扣数不应少于 5 扣。新规范条款变化如下：

（1）带升降器的软线吊灯具在吊线展开后不应触及工作台面或过于接近台面，否则容易发生玻璃灯罩或灯管（泡）碰到工作台面爆裂造成人身伤害，且能防止较热光源长时间靠近台面上的易燃物品，烤焦台面物品；

（2）普通软线吊灯，大部分已用双绞塑料线取代纱包花线，抗拉强度有所降低，约可承受 0.8kg 的质量而不被拉断；

（3）为确保安全，规定软线吊灯超过 0.5kg 时，应增设吊链或吊绳；

（4）固定悬吊灯具的螺栓或吊钩与灯具是等强度概念，保证螺栓或吊钩能够承受灯具的重量，规定了螺栓或吊钩圆钢直径不小于 6mm 的下限；

（5）用钢管作灯具吊杆时，如果钢管内径太窄，不利于穿线；管壁太薄，不利于套丝，套丝后强度也不能保证；

（6）螺纹连接的灯具，对其丝扣啮合的扣数做出具体规定是为确保连接紧密牢固。

2. 防护等级

《建筑电气工程施工质量验收规范》GB 50303—2015：18.1.7 埋地灯安装应符合下列规定：1 埋地灯的防护等级符合设计要求；2 埋地灯的接线盒应采用防护等级为 IPX7 的防水接线盒，盒内绝缘导线接头做防水绝缘处理。新规范条款变化如下：

（1）埋地灯的防护等级 IP 关系到它能否正常工作，因此灯具及其附件的防护等级必须符合设计要求。

（2）IP 表明外壳对人接近危险部件、防止固体异物或水进入的防护等级以及与这些防护有关的附加信息的代码系统。IP 代码由代码字母 IP（国际防护 International Protection）、第一位特征数字、第二位特征数字、附加字母、补充字母组成，如表1-4、表1-5所示。

第一位特征数字所代表的防护等级 表 1-4

第一位特征数字	防护等级	
	简要描述	不能进入外壳的物体简要描述
0	无防护	没有专门的防护
1	防大于 50mm 的固体异物	人体的某一大面积部分，如手（但不能防止故意地接近），直径大于 50mm 的固体
2	防大于 12mm 的固体异物	手指或长度不超过 80mm 的类似物体，直径大于 12mm 的固体异物
3	防大于 2.5mm 的固体异物	直径或厚度大于 2.5mm 的工具、金属丝等
4	防大于 1mm 的固体异物	厚度大于 1.0mm 的金属丝或细带，直径大于 1.0mm 的固体异物
5	防尘	不能完全防止尘埃进入，但进入量不能达到妨碍设备正常工作的程度
6	密闭	无尘埃进入

第二位特征数字所代表的防护等级 表 1-5

第二位特征数字	防护等级	
	简要描述	外壳提供的防护类型说明
0	无防水	没有专门防护
1	防滴水	滴水（垂直滴水）应无有害影响

第二位特征数字	防护等级	
	简要描述	外壳提供的防护类型说明
2	向上倾斜15°，防滴水	当外壳从正常位置向上倾斜15°时，垂直滴水应无有害影响
3	防淋水	与垂直成60°范围以内的淋水应无有害影响
4	防溅水	从任何方向朝外壳溅水应无有害影响
5	防喷水	用喷嘴以任何方向朝外壳喷水应无有害影响
6	防猛烈海浪	猛烈海浪或强烈喷水时，进入外壳的水不应达到有害的量
7	防浸水	以规定压力和时间将外壳浸入水中时，进入的水不应达到有害的量
8	防潜水	设备应适于制造厂规定的条件下长期潜水

十、专用灯具安装的要求

《建筑电气工程施工质量验收规范》GB 50303—2015：19.1.7 航空障碍标志灯安装应符合下列规定：3 对于安装在屋面接闪器保护范围以外的灯具，当需设置接闪器时，其接闪器应与屋面接闪器可靠连接。19.1.10 游泳池和类似场所灯具（水下灯及防水灯具）安装应符合下列规定：1 当引入灯具的电源采用导管保护时，应采用塑料导管；2 固定在水池构筑物上的所有金属部件应与等电位联结导体可靠连接，并应设置标识。新规范条款变化如下：

（1）航空障碍标志灯安装在屋面接闪器保护范围以外的灯具，需要采取有效措施，保证航空障碍标志灯正常工作和室外环境下的维修安全；

（2）游泳池和类似场所灯具（水下灯及防水灯具）设计时应采取有效安全防护措施，施工过程是应对外露金属部件采取等电位联结，防止人身触电伤亡事故的发生。

十一、开关、插座、风扇安装的要求

1. 特殊插座对标识的要求

《建筑电气工程施工质量验收规范》GB 50303—2015：20.1.2 不间断电源插座及应急电源插座应有标识。新规范条款变化如下：

（1）接插于应急电源插座的应急灯具、应急设备，接插于不间断电源插座的计算机，均对供电可靠性有很高的要求，便于使用者清晰识别，故作此规定。

（2）不间断电源插座及应急电源插座在进场验收时，除检查产品观感质量外，还应重点检查插座面板表面是否有标识。

十二、防雷引下线及接闪器安装的要求

1. 永久性接闪器的要求

《建筑电气工程施工质量验收规范》GB 50303—2015：24.1.4 当利用建筑物金属屋面或屋顶上旗杆、栏杆、装饰物、铁塔、女儿墙上的盖板等永久性金属物做接闪器时，其材质及截面应符合设计要求，建筑物金属屋面板间的连接、永久性金属物各部件之间的连接应可靠、持久。新规范条款变化如下：

（1）在《建筑物防雷设计规范》GB 50057—2010中，已明确规定可利用建筑物金属屋面或屋面上永久性金属物做接闪器。同时对金属物的材质、厚度、截面及连接方式均有明确规定，因此施工中严格执行，确保符合设计要求；

（2）如施工图设计说明未详细说明接闪器的材质、厚度、截面及连接方式，应与设计单位及时办理图纸会审、设计变更洽商，并做好隐蔽工程检查记录。

2. 接闪器安装的要求

《建筑电气工程施工质量验收规范》GB 50303—2015：24.2.1暗敷在建筑物抹灰层内的引下线应有卡钉分段固定；明敷的引下线应平直、无急弯，并应设置专用支架固定，引下线焊接处应涮油漆防腐，且无遗漏。新规范条款变化如下：

（1）避雷引下线的敷设如埋入抹灰层内引下，则应分段卡牢固定，且紧贴砌体表面，不能有过大的起伏，否则会影响抹灰施工，也不能保证应有的抹灰层厚度；

（2）避雷引下线允许焊接连接和专用支架固定，但焊接处要刷油漆防腐，如用专用卡具连接或固定，不破坏镀锌保护层则更好。

十三、建筑物等电位联结的要求

1. 建筑物等电位联结

《建筑电气工程施工质量验收规范》GB 50303—2015：25.1.1建筑等电位联结的范围、型式、方法、部位及联结导体的材料和截面应符合设计要求。新规范条款变化如下：

（1）建筑等电位联结的范围、型式、方法、部位及联结导体的材料和截面等是由设计根据建筑物的功能、使用环境等来决定的，且施工图中设计说明有明确要求，施工单位必须严格执行；

（2）卫生间局部等电位联结应包括金属给水排水管、金属浴盆、金属洗脸盆、金属采暖管、金属散热器、卫生间电源插座的PE线以及建筑物钢筋网；

（3）卫生间不需要做等电位联结如下几种情况：

1）非金属物，如非金属浴盆、塑料管道等；

2）孤立金属物，如金属地漏、扶手、浴巾架、肥皂盒等。

2. 保护导体

《建筑物电气装置 第5—54部分：电气设备的选择和安装 接地装置、保护导体和保护联结导体》GB 16895.3—2004中第543.2.2条对保护导体有具体的规定。保护导体是为安全目的设置的导体，如电击防护中设置的导体。保护导体包括保护联结导体、保护接地导体和接地导体：

（1）保护联结导体：用于保护等电位联结的保护导体。

（2）保护接地导体（PE）：用于保护接地的保护导体。施工过程一般采用单独设置接地干线，如单独敷设镀锌扁钢。

接地干线：与总接地母线（端子）、接地极或接地网直接连接的保护接地导体。

（3）接地导体：在系统、装置或设备的连接点与接地极或接地网之间提供导电通路或部分导电通路的导体。

目前，民用建筑设计标准中供电系统采用的形式是TN-C-S系统，已不采用TN-C系统。因此，《建筑电气工程施工质量验收规范》GB 50303—2015取消了接零（PEN）的规定，与《民用建筑电气设计规范》JGJ/T 16—2008 要求相统一。

3. 特殊场所

建筑物防雷对特殊场所是有要求的，对浴室内电击危险程度可分为 0 区、1 区和 2 区。其中，0 区电击危险最大，1 区次之，2 区再次之，3 区最次之。

《建筑物电气装置 第 7 部分：特殊装置或场所的要求 第 701 节：装有浴盆或淋浴盆的场所》GB 16895.13—2002 规定：

0 区：浴盆或淋浴盆的内部。如图 1-4 所示；

1 区的界限：围绕浴盆或淋浴盆的垂直平面，或者对于无盆淋浴的场所则是距离淋浴喷头 0.6m 的垂直平面，地面和地面以上 2.25m 的水平面。如图 1-5 所示；

2 区的界限：1 区外界的垂直平面和与其相距 0.6m 的垂直平面，地面和地面以上 2.25m 的水平面。如图 1-6 所示；

3 区的界限：2 区外界的垂直平面和与其相距 2.4m 的垂直半面，地面和地面以上 2.25m 的水平面。如图 1-7 所示。

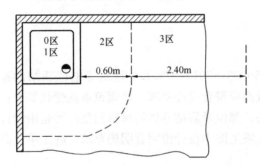

图 1-4　0 区水平范围示意图

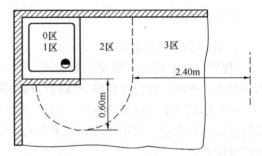

图 1-5　1 区水平范围示意图

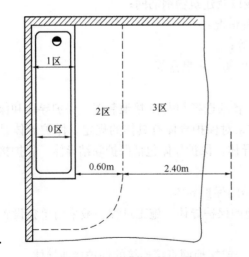

图 1-6　2 区水平范围示意图

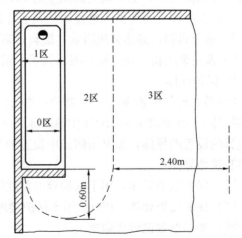

图 1-7　3 区水平范围示意图

《建筑电气装置 第 7 部分：特殊装置或场所的要求 第 701 节：装有浴盆或淋浴盆的场所》GB 16895.13—2002 对卫生间的电气安全要求具体如下：

(1) 电气线路敷设。标准中 701.52 条款：埋深不超过 5cm 的墙内布线绝缘符合《建筑物的电气装置电击防护》GB 14821—1993 的规定，没有任何金属外护套；在 0、1 及 2 区内，仅允许布设该区内的用电器具供电所必需的布线系统；不允许在该区内装设接线盒。

（2）固定式卫浴电气设备安装。标准中 701.53 条款：在 0、1 及 2 区内，严禁装设开关设备及辅助设备。任何开关的插座，必须至预制淋浴间的门口距离不得小于 0.6m。

标准中 701.55 条款：当未采取安全超低压供电及其用电器具时，在 0 区内，只允许采用专用于澡盆的电器；在 1 区内，只可装设水加热器；在 2 区内，只可装设水加热器及 Ⅱ级照明器。

（3）卫生间局部等电位联结。标准 701.413.1.6 条款：局部的辅助等电位联结应将 1、2 及 3 区内所有装置外可导电部分与位于这些区内的外露可导电部分的保护导体联结起来，并通过总接地端子与接地装置相连。

十四、电动机、电加热器及电动执行机构；母线槽；金属梯架、托盘或槽盒外露可导电部分与保护导体（PE）连接，对其支架的要求

1. 电动机、电加热器及电动执行机构检查接线

《建筑电气工程施工质量验收规范》GB 50303—2015：**6.1.1 电动机、电加热器及电动执行机构的外露可导电部分必须与保护导体可靠连接。**新规范条款变化如下：

（1）建筑电气工程的低压动力设备，外露可导电部分必须与保护导体（PE）可靠连接，可靠连接是指与保护导体干线直接连接且应采用锁紧装置连接，以确保使用安全；

（2）其支架接地不做要求。

2. 母线槽安装

《建筑电气工程施工质量验收规范》GB 50303—2015：**10.1.1 母线槽的金属外壳等外露可导电部分应与保护导体可靠连接，并应符合下列要求：1 每段母线槽的金属外壳间应可靠连接，且母线槽全长与保护导体可靠连接不应少于 2 处；2 分支母线槽的金属外壳末端应与保护导体可靠连接；3 连接导体的材质、截面积应符合设计要求。**新规范条款变化如下：

（1）母线槽是供配电线路主干线，外露可导电部分均应与保护导体连接，是为了一旦母线槽发生漏电可直接导入接地装置，防止可能出现的人身伤亡和设备损坏；

（2）其支架接地不做要求。

3. 梯架、托盘和槽盒安装

《建筑电气工程施工质量验收规范》GB 50303—2015：11.1.1 金属梯架、托盘或槽盒本体之间的连接应牢固可靠，与保护导体的连接应符合下列规定：1 梯架、托盘和槽盒全长不大于 30m 时，不应少于 2 处与保护导体可靠连接；全长大于 30m 时，应每隔 20～30m 应增加一个连接点，起始端和终点端均应可靠接地；2 非镀锌梯架、托盘和槽盒本体间连接板的两端应跨接保护联结导体，保护联结导体的截面积应符合设计要求；3 镀锌梯架、托盘和槽盒本体之间不跨接保护联结导体时，连接板两端不应少于 2 个有防松螺帽或防松垫圈的连接固定螺栓。新规范条款变化如下：

（1）本条文修改了原规范中要求固定金属梯架、托盘或槽盒的金属支架应做接地连接的要求，主要是考虑到：金属梯架、托盘或槽盒已与保护导体进行了可靠连接，一旦电缆

或导线发生绝缘损坏，漏电电流将直接通过金属梯架、托盘或槽盒导入接地装置，不可能引起金属支架的带电，再则金属梯架、托盘或槽盒已与保护导体进行了可靠连接，类似于保护导体，故金属支架没必要单独再与保护导体连接。

（2）如电动机、电加热器及电动执行机构；母线槽；金属梯架、托盘或槽盒安装在屋面，其支架应与避雷引下线或接地装置做可靠连接。

第三节　建筑电气工程施工过程管理的主要内容

一、建筑电气工程的一般规定

1. 建筑电气工程施工现场质量管理除应符合现行国家标准《建筑工程施工质量验收统一标准》GB 50300 的有关规定外，还应符合下列规定：

（1）安装电工、焊工、起重吊装工和电力系统调试人员等特殊工种应持证上岗；

（2）安装和调试使用的各类计量器具应鉴定合格，且在有效期内。

2. 电气设备、器具和材料的额定电压区间划分见表 1-6 的规定。

额定电压区间划分　　　　　　　　　　　　　　　　　表 1-6

额定电压区间	交流电压	直流电压
特低压	50V 及以下	120V 及以下
低压	50V～1.0kV（含 1.0kV）	120V～1.5kV（含 1.5kV）
高压	1.0kV 以上	1.5kV 以上

3. 电气设备安装的计量仪表、与电气保护有关的显示仪表应检测合格，且在检测的有效期内，方可安装使用。

4. 建筑电气动力系统的空载试运行和建筑电气照明系统的负荷试运行前，应根据电气动力设备及相关建筑照明设备的种类、特性和技术指标等编制试运行方案或作业指导书，应经施工单位项目技术负责人审查批准，监理单位确认后实施。

5. 高压的电气设备、布线系统及继电保护系统的交接试验应符合《电气装置安装工程电气设备交接试验标准》GB 50150 的规定。

6. 低压和特低压的电气设备和布线系统的交接试验应符合《建筑电气工程施工质量验收规范》GB 50303 的规定。

7. 《建筑电气工程施工质量验收规范》GB 50303—2015 规定的应与保护导体（PE）可靠连接的电气设备或布线系统，不包括已采取下列间接接触防护措施的电气设备或布线系统：

（1）Ⅱ类设备；

（2）已采取电气分隔措施；

（3）采用特低电压供电；

（4）将电气设备安装在非导电场所内；

（5）设置不接地的等电位联结。

需要说明的是，《建筑电气工程施工质量验收规范》GB 50303 所规定的电气设备或布线系统应与保护接地导体（PE）可靠连接均是指要求与保护接地（PE）干线直接连接，不可通过接地支线彼此相互串联连接。关于干线与支线的区别如图1-8所示。

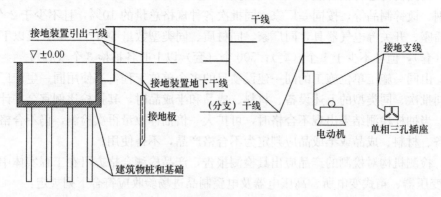

图1-8　干线、支线示意图

干线是在施工设计时，依据整个单位工程使用寿命和功能来布置选择的，它的连接通常具有不可拆卸性，如熔焊连接，只有在整个供电系统进行技术改造时，干线包括（分支）干线才有可能更动敷设位置和相互连接处的位置，所以说干线本身始终处于良好的电气导通状态；而支线是指由干线引向某个电气设备、器具（如电动机、插座等）以及其他需接地或接零单独个体的接地线，通常用可拆卸的螺栓连接。这些设备、器具及其他需接地或接零的单独个体，在使用中往往由于维修、更换等种种原因需临时或永久的拆除，若他们的接地支线彼此间是相互串联连接，只要拆除中间一件，则与干线相连方向相反的另一侧所有电气设备、器具及其他需接地或接零的单独个体全部失去电击保护，这显然不允许发生的，所以支线不能串联连接。

二、建筑电气工程主要设备、材料进场验收管理

1. 主要设备、材料进场检查验收合格后填写验收记录，确认符合设计提供的技术参数要求和《建筑电气工程施工质量验收规范》GB 50303规定，方可在工程实体中应用。

2. 实行生产许可证或中国强制性认证（英文为China Compulsory Certification，简称为CCC认证）产品，应有许可证编号和强制性产品认证标识，并应抽查生产许可证或强制性认证证书的认证范围、真实性和有效性。

3. 新型电气设备、器具和材料进场验收时应提供第三方产品试验报告，以及产品安装、使用和维修等技术资料。

4. 进口电气设备、器具和材料进场验收时应提供质量合格证明文件、性能检测报告，以及安装、使用、维修说明等技术资料；对有商检规定要求的进口电气设备应提供商检证明。

5. 主要设备、材料进场验收时需要现场抽样检测或有异议送有资质的第三方检测机构进行抽样检测，应符合下列规定：

（1）现场抽样检测：母线槽、绝缘导线、电缆、梯架、托盘、槽盒、导管、镀锌制品等，同厂家、同批次、同型号、同规格的，每批抽查各不少于1个样品；灯具、插座、开关等电气器具，同厂家、同材质、同类型的，应各抽样不低于总量的3%，自带蓄电池的灯具应抽样不低于总量的 5%，且均不得少于 1 个（套）；

（2）检测机构进行抽样检测时：母线槽、绝缘导线、电缆、梯架、托盘、槽盒、导管、型钢、镀锌制品等，按同一厂家、同批次各种规格总量的 10%，且不少于 2 个规格；灯具、插座、开关等电气器具，同厂家、同材质、同类型数量 500 个（套）及以下时各抽检 2 个（套），但各不少于 1 个（套）；500 个（套）以上时各抽检 3 个（套）；

（3）由同一施工单位施工的同一建设项目的多个单位工程，当使用同一生产厂家、同材质、同批次、同类型的上述设备、材料、成品和半成品时，其抽检比例宜合并计算；

（4）当抽样检测结果出现不合格时，可扩大一倍抽样数量再次检测，仍不合格时，则该批设备、材料、成品或半成品应判定为不合格产品，不得使用；

（5）检测机构对检测的产品应出具检测报告，产品检测合格方可在工程实体中使用。

6. 变压器、箱式变电所、高压电器及电瓷制品进场验收应符合下列规定：

（1）查验合格证和随带技术资料，变压器有出厂试验报告等技术资料；

（2）外观检查：有铭牌，附件齐全，绝缘件无缺损、裂纹，充油部分不渗漏，充气高压设备气压指示正常，涂层完整。

7. 高压成套配电柜、蓄电池柜、不间断电源柜、应急电源柜、低压成套配电柜（箱）进场验收应符合下列规定：

（1）查验合格证和随带技术资料：高压成套配电柜、蓄电池柜、不间断电源柜、应急电源柜、低压成套配电柜（箱）应有出厂试验报告；

（2）核对产品型号、产品技术参数应符合设计要求；

（3）外观检查：设备应有铭牌，表面涂层应完整、无明显碰撞凹陷，设备内电器元件应完好无损、接线无脱落脱焊，导线的材质、规格应符合设计要求，蓄电池柜内电池壳体无碎裂、漏液现象，充油、充气电器元件无泄漏现象。

8. 柴油发电机组进场验收应符合下列规定：

（1）核对主机、附件、专用工具、备品备件和随带技术资料，查验产品合格证和出厂试验报告记录应齐全、完整；

（2）外观检查：设备应有铭牌，涂层完整，机身无缺件。

9. 电动机、电加热器、电动执行机构和低压开关设备等应符合下列规定：

（1）查验合格证和随带技术资料内容填写应齐全、完整；

（2）外观检查：设备应有铭牌，涂层完整，附件应齐全、完好。

10. 照明灯具及附件进场验收应符合下列规定：

（1）查验合格证和随带技术资料内容填写应齐全、完整，灯具材质应符合设计要求和产品标准要求；新型气体放电灯具有随带技术资料；太阳能灯具的内部短路保护、过载保护、反向放电保护、极性反接保护等功能性试验报告应齐全，并应符合设计要求；

（2）外观检查：

1）灯具涂层完整，无损伤，附件齐全。Ⅰ类灯具的外露可导电部分应有专用 PE 端子；

2）固定灯具带电部件及提供防触电保护的部位应为绝缘、耐燃材料；

3）应急照明灯具应获得消防产品型式认可证书，具有标识；

4）疏散标识指示灯具的保护罩应完整、无裂纹；

5）游泳池和类似场所灯具（水下灯及防水灯具）的防护等级符合设计要求，当对其密闭和绝缘性能有异议时，按批抽样送有资质的第三方检测机构检测；

6）内部接线为铜芯绝缘导线，导线截面不得小于 0.5mm²，橡胶或聚氯乙烯（PVC）绝缘导线的绝缘层厚度不得小于 0.6mm。

（3）自带蓄电池的供电时间检测：现场抽样检测蓄电池最短持续供电时间应符合设计要求；

（4）绝缘性能检测：现场抽样检测灯具的绝缘电阻值不得小于 2MΩ，灯具内绝缘导线的绝缘层厚度不得小于 0.6mm。

11. 开关、插座、接线盒和风扇进场验收应符合下列规定：

（1）产品合格证内容填写应齐全、完整；

（2）外观检查：开关、插座面板及接线盒表面完好、无划痕，附件齐全。风扇无损坏，涂层完整，调速器等附件适配；

（3）开关、插座的电气和机械性能进行现场抽样检测，检测应符合下列规定：

1）不同极性带电部件间的电气间隙不得小于 3mm，爬电距离不得小于 3mm；

2）绝缘电阻值不得小于 5MΩ；

3）选用自攻螺钉或自切螺钉安装时，螺钉与软塑固定件旋合长度不得小于 8mm，绝缘材料固定件在经受 10 次拧紧退出试验后，无松动或掉渣，螺钉及螺纹表面无损坏现象；

4）金属间采用螺杆与螺母紧固形式的，拧紧后完全退出，反复 5 次仍然能正常使用。

（4）对开关、插座面板，接线盒等塑料制品的阻燃性能有异议时，按批抽样送有资质的第三方检测机构检测。

12. 绝缘导线、电缆进场验收应符合下列规定：

（1）按批查验合格证：合格证内容填写应齐全、完整；

（2）外观检查：包装完好，电缆端头应密封良好，标识应齐全。抽检的绝缘导线或电缆绝缘层完整无损，厚度均匀。电缆无压扁、扭曲现象，铠装钢带不松卷。绝缘导线、电缆表面应有明显标识和制造厂标；

（3）检测绝缘性能：导线、电缆的绝缘性能应符合产品标准的规定；

（4）检测标称截面积和电阻值：绝缘导线、电缆的标称截面积和电阻值应符合现行国家标准《电缆的导体》GB/T 3956 的有关规定。当对绝缘导线和电缆的导电性能、绝缘性能、机械性能和阻燃耐火性能有异议时，按批抽样送有资质的第三方检测机构检测，检测项目和内容应符合国家现行产品标准的规定。

13. 导管进场验收应符合下列规定：

（1）按批查验合格证：钢导管应有产品质量证明书，塑料导管应有合格证及产品检测报告；

（2）外观检查：钢导管无压扁现象，内壁光滑；非镀锌钢导管无严重锈蚀，按制造标准油漆出厂的油漆完整；镀锌钢导管镀层覆盖完整，表面无锈斑；塑料导管及配件无碎裂现象，表面有阻燃标记和制造厂标；

（3）按批抽样检测导管的管径、壁厚及均匀度，均应符合国家现行有关产品标准的规定；

（4）对机械连接的钢导管及其配件的电气连续性有异议时，应按现行国家标准《电气安装用导管系统》GB/T 20041 的有关规定进行检测；

（5）对塑料导管及配件的阻燃性能有异议时，按批抽样送有资质的第三方检测机构检测。

14. 型钢和电焊条应符合下列规定：

（1）查验合格证和材质证明书；有异议时，按批抽样送有资质的第三方检测机构检测；

（2）外观检查：型钢表面无严重锈蚀，无扭曲变形现象；电焊条包装完整，拆包抽检，焊条尾部无锈蚀现象。

15. 金属镀锌制品进场验收应符合下列规定：

（1）查验产品质量证明书；

（2）外观检查：镀锌层表面覆盖完整，表面无锈蚀现象；金具配件齐全，表面无砂眼；

（3）埋入土壤中的热浸镀锌制品应检测其镀锌层厚度，其厚度不得小于 $63\mu m$；

（4）对镀锌制品质量有异议时，按批抽样送有资质的第三方检测机构检测。

16. 梯架、托盘和槽盒进场验收应符合下列规定：

（1）查验产品合格证及出厂检验报告：内容填写应齐全、完整；

（2）外观检查：部件表面应光滑，无变形现象；钢制梯架、托盘和槽盒涂层完整，无锈蚀现象；塑料槽盒表面无划痕，破损现象；铝合金梯架、托盘和槽盒涂层完整，表面不应有变形、划痕等现象；

（3）产品阻燃性能有异议时，按批抽样送有资质的第三方检测机构检测。

17. 母线槽进场验收应符合下列规定：

（1）查验合格证和随带安装技术资料，并应符合下列规定：

1）CCC 型式试验报告中的技术参数应符合设计要求，铜母排规格及温升值应与 CCC 型式试验报告相符。铜母排的载流能力有异议时，应送有资质的第三方检测机构做极限温升试验，额定电流的温升应符合国家现行产品标准的规定；

2）耐火母线槽除应通过 CCC 认证外，还应提供由有资质的第三方检测机构出具的型式试验报告，其耐火时间应符合设计要求；

3）保护接地导体（PE）应与外壳可靠连接，其截面应符合产品技术资料规定；当外壳兼作保护接地导体（PE）时，CCC 型式试验报告和产品结构应符合国家现行的产品标准的规定。

（2）外观检查：防潮密封良好，各段编号标识清晰，附件齐全、无缺损，外壳表面无明显变形现象，铜母排螺栓搭接面平整、镀层覆盖完整、无麻面现象；插接母线槽上的静触头表面应光滑、镀层完整；对有防护等级要求的母线槽应检查产品及附件的防护等级与设计相符合，且有标识。

18. 电缆头部件、导线连接器及接线端子进场验收应符合下列规定：

（1）查验合格证及相关技术资料，并应符合下列规定：

1）铝及铝合金电缆的附件应具有检测报告；

2）矿物绝缘电缆的中间连接附件的耐火等级不应低于电缆本体的耐火等级；

3）导线连接器和接线端子的额定电压、连接容量和防护等级应满足设计要求。

（2）外观检查：部件应齐全，产品标识清晰，表面应无裂纹现象，随带的袋装涂料或填料不应泄漏；铝及铝合金电缆用接线端子和连接附件的内表面应有抗氧化剂；矿物绝缘电缆专用终端接线端子规格应与矿物绝缘电缆相适配；导线连接器的产品标识应清晰、持久，不褪色。

19. 金属灯柱进场验收应符合下列规定：

（1）查验合格证：合格证内容填写应齐全、完整；

（2）外观检查：灯具涂层完整，根部接线盒盒盖紧固件和内置熔断器、开关等器件应齐全，盒盖密封垫完整。金属灯柱底座设有专用接地螺栓，并与接地保护导体（PE）作可靠连接。

20. 使用的降阻剂应符合设计和国家现行产品标准的规定，并应提供有资质的第三方检测机构出具的检验报告。

三、建筑电气工程施工工序交接管理

1. 变压器、箱式变电所安装应符合下列规定：

（1）变压器、箱式变电所安装前，室内墙体的装饰面、地面的找平层应施工完毕，无渗漏水现象，主体结构验收合格。埋入基础的管线、变压器进出预留孔及有关预埋件的位置、标高应符合设计要求；

（2）变压器、箱式变电所通电前，变压器及系统接地交接试验合格。

2. 成套配电柜、控制柜和配电箱安装应符合下列规定：

（1）成套配电柜、控制柜和配电箱安装前，室内墙体的装饰面、地面的找平层等应施工完毕，无渗漏水现象，基础型钢和配电柜、箱下的电缆沟等施工完毕，配电柜、箱的基础及埋入基础管线的位置、标高应符合设计要求；

（2）墙上明装配电箱安装前，室内顶棚、墙体、地面等应施工完毕，暗装配电箱的预留孔和动力、照明配线的管线等位置、标高应符合设计要求；

（3）电源线连接前，应确认电涌保护器（SPD）型号、技术参数符合设计要求，接地保护线与 PE 排连接可靠；

（4）试运行前，配电柜、箱内 PE 排应完成连接，配电柜、箱内的电器元件规格型号应符合设计要求，接线应牢固可靠，且交接试验合格。

3. 电动机、电加热器及电动执行机构接线前，应与机械设备完成连接，经手动操作符合工艺要求，绝缘电阻应测试合格。

4. 柴油发电机组安装应符合下列规定：

（1）机组安装前，基础平台的位置、标高应符合设计要求；

（2）机组安装后，采用地脚螺栓固定的机组应按初平、螺栓孔灌浆、精平、紧固地脚螺栓、二次灌浆等工序安装；安放式的机组底部应垫平、垫实；

（3）空载试运行前，油、气、水冷、风冷、烟气排放系统和隔振防噪声设施应安装完毕，消防器材应配置齐全、到位，且符合设计要求，发电机应进行静态试验，随机配电柜接线应正确，柴油发电机组接地应符合设计要求；

（4）空载试运行前，空载试运行和调试应合格；

（5）投入备用状态前，应在规定时间内无负荷试运行应合格。

5. 不间断电源机柜或应急电源机柜接至馈电线路时，应按产品技术资料要求进行核对，并应准确无误。

6. 电气动力设备试验和试运行应符合下列规定：

（1）电气动力设备试验前，其外露可导电部分应与保护接地导体（PE）连接可靠；

（2）通电前，动力成套配电（控制）柜、箱的交流工频耐压试验和保护装置的动作试验应合格；

（3）空载试验前，控制回路模拟动作试验应合格，手动操作检查电气部分与机械部分的转动或动作应协调一致。

7. 母线槽安装应符合下列规定：

（1）变压器和高、低压成套配电柜与母线槽安装前，变压器，高、低压成套配电柜，穿墙套管等应安装就位；

（2）安装场所的墙面、地面施工完毕，场地建筑垃圾清理干净，方可安装母线槽的支吊架；

（3）母线槽安装前，与母线槽安装空间有关的各专业管道应安装完毕；

（4）母线槽组对前，每段母线槽的绝缘电阻值不得小于 20MΩ；

（5）通电前，母线槽的金属外壳应与保护接地导体（PE）可靠连接，且母线槽绝缘电阻测试和交流工频耐压试验应合格。

8. 梯架、托盘和槽盒安装应符合下列规定：

（1）支吊架安装前，应先测量定位；

（2）梯架、托盘和槽盒安装前，顶棚和墙体装饰面应施工完毕。

9. 导管敷设应符合下列规定：

（1）埋入混凝土中的非镀锌钢导管外壁不作防腐处理，其他场所的非镀锌钢导管内、外壁均需作防腐处理；

（2）室外直埋导管的路由、埋深、宽度及垫层处理等均应符合设计要求；

（3）现浇混凝土板内配管应在底层钢筋绑扎完成，上层钢筋未绑扎前敷设，配管完成后经检查确认后，方可绑扎上层钢筋和浇捣混凝土；

（4）现浇混凝土墙体内配管应在墙体钢筋绑扎及门、窗洞口等位置放线后，方可在墙体内敷设导管；

（5）接线盒和导管在隐蔽前应验收合格后，方可隐蔽；

（6）现浇混凝土梁、板、柱等部位预埋预留的套管、埋件和支吊架，其位置、标高等应符合设计要求；

（7）吊顶内明配管时，灯位及电气器具位置应先进行空间排布，且与各专业相互协调配合。

10. 电缆敷设应符合下列规定：

（1）支吊架安装前，电缆沟、电缆竖井内的地面、墙面施工完毕，建筑垃圾清除干净，支吊架测量定位已完成；

（2）电缆敷设前，电缆绝缘电阻值测试应合格；

（3）电缆支吊架、电缆保护管、梯架、托盘和槽盒应安装完毕，与保护接地导体（PE）可靠连接完毕；

（4）通电前，检查并确认电缆绝缘层保护、相位和防火隔堵措施等，电缆经交接试验检查合格。

11. 绝缘导线、电缆穿管或槽盒内敷线应符合下列规定：

（1）焊接作业应以完成，导管、槽盒安装质量经检查合格；

（2）绝缘导线、电缆的绝缘电阻测试应合格；

（3）导管、槽盒与配电柜、箱安装完成，管内积水及杂物应清理干净；

（4）通电前，检查并确认导线、电缆的绝缘层保护、相位和防火隔堵措施等合格，导线、电缆经交接试验检查合格。

12. 塑料护套线直敷布线应符合下列规定：

（1）弹线定位前，室内的顶棚、墙体饰面施工完毕；

（2）直敷布线前，确认穿梁、板、柱、墙等建筑结构内的套管已安装到位，塑料护套线经绝缘电阻测试检查合格。

13. 钢索配线前，室内顶棚、墙体饰面施工完毕，钢索配线的预埋件及预留孔应预埋、预留完成。

14. 电缆头制作和接线应符合下列规定：

（1）电缆头制作前，电缆绝缘电阻测试应合格，检查确认电缆头的连接位置、连接长度应满足操作工艺要求；

（2）控制电缆接线前，应经绝缘电阻测试检查合格，校线核对正确；

（3）电力电缆接线前，应经电缆交接试验检查合格，相位核对正确。

15. 照明灯具安装应符合下列规定：

（1）灯具安装前，应确认灯具的预埋件、吊杆和吊顶上嵌入式灯具支吊架等安装完毕，需做承载试验的预埋件、吊杆经试验合格；

（2）影响灯具安装的模板、脚手架已拆除，顶棚和墙面装饰涂料、油漆或壁纸等完成，地面建筑垃圾清理干净；

（3）导线绝缘电阻测试合格，方可与灯具接线；

（4）高空安装的灯具应先在地面通、断电试验，试验合格后方可安装。

16. 风扇安装前，吊扇的吊钩已预埋，导线绝缘电阻测试合格，顶棚和墙面装饰涂料、油漆或壁纸等完成。

17. 照明系统的测试和通电试运行应符合下列规定：

（1）导线绝缘电阻测试在导线接续前完成；

（2）照明箱、灯具、开关、插座的绝缘电阻测试应在器具就位前或接线前完成；

（3）通电试运行前，电气器具及线路绝缘电阻测试合格，当照明回路装有剩余电流动作保护器时，剩余电流动作保护器应检测合格；

（4）备用照明电源或应急照明电源作空载自动投切试验前，应拆除负荷。有载自动投切试验应在空载自动投切试验合格后进行；

（5）照明系统全负荷试验前，应确认上述工作内容已完成。

18. 接地装置安装应符合下列规定：

（1）利用建筑物基础接地的接地体，应先完成底板钢筋绑扎，按设计要求进行接地装置施工，经检查确认后，方可支模或浇捣混凝土；

（2）人工接地的接地体，应按设计要求利用土建基础或开挖沟槽，经检查确认，方可埋入或打入接地极和敷设地下接地干线；

（3）降低接地电阻施工应符合下列规定：

1）采用接地模块降低接地电阻时，应按设计位置开挖模块坑，并将地下接地干线引到模块上，经检查确认合格后，方可相互焊接；

2）采用添加降阻剂降低接地电阻时，应按设计要求开挖沟槽或钻孔垂直埋管，沟槽清理干净，检查接地体埋入位置正确后，方可灌注降阻剂；

3）采用换土降低接地电阻时，按设计要求开挖沟槽，沟槽基层清理干净，方可在沟槽底部铺设经确认合格的低电阻率土壤，经检查铺设厚度达到设计要求，方可安装接地装置；接地装置连接完毕，防腐处理完成后，方可覆盖上一层低电阻率土壤。

（4）隐蔽前，应先检查合格后，方可覆土回填。

19. 防雷引下线安装应符合下列规定：

（1）利用建筑物柱内主筋作引下线时，应在柱内主筋绑扎或连接后，按设计要求施工，经检查确认合格，方可支模或浇捣混凝土；

（2）直接从基础接地体或人工接地体暗敷埋入装饰层内的引下线，经检查确认不外露后，方可贴面砖或刷涂料等；

（3）直接从基础接地体或人工接地体引出明敷的引下线，应先埋设或安装支架，经检查确认合格后，方可敷设引下线。

20. 接闪器安装前，接地装置和引下线施工完毕，接闪器与引下线应可靠连接。

21. 防雷接地系统测试前，接地装置施工完毕且测试合格；防雷接闪器安装完毕，整个防雷接地系统应连成回路。

22. 等电位联结应符合下列规定：

（1）总等电位联结端子的接地导体材质、规格型号应符合设计要求，与总等电位联结端子板可靠连接，并作总等电位联结测试；

（2）局部等电位联结端子的位置及联结端子板材质、规格型号应符合设计要求，局部等电位联结端子板连接可靠，并作局部等电位联结测试；

（3）特殊要求的建筑金属屏蔽网箱完成网箱施工，经检查确认合格，方可与接地保护线（PE）可靠连接。

四、建筑电气工程系统验收与调试管理

1. 建筑电气工程验收时，应核查下列质量管理资料，其内容应真实、有效和完整：

（1）设计文件、施工图会审记录、设计变更通知单和工程变更洽商记录；

（2）主要设备、器具、材料的合格证和进场验收记录；

（3）隐蔽工程验收记录；

（4）电气设备交接试验检验记录；

（5）电动机检查（抽芯）记录；

（6）接地电阻测试记录；

（7）绝缘电阻测试记录；

（8）接地故障回路阻抗测试记录；

（9）剩余电流动作保护器测试记录；

（10）电气设备空载试运行和负荷试运行记录；

（11）应急电源机柜应急持续供电时间记录；

（12）灯具固定装置及悬吊装置的载荷强度试验记录；

（13）建筑照明系统通电试运行记录；

（14）接闪带固定支架垂直拉力测试记录；

（15）接地（等电位）联结导通性测试记录。

（16）工序交接合格等施工安装记录。

2. 建筑电气分部（子分部）工程所含分项工程的质量验收记录应无遗漏缺项，填写内容正确。

3. 施工资料应齐全有效，符合工序要求，具有可追溯性；责任单位和责任人均应确认且签章齐全。

4. 检验批验收时应按《建筑电气工程施工质量验收规范》GB 50303—2015 主控项目和一般项目中规定的检查数量和抽查比例进行验收，施工单位过程检查应全数检查。

5. 单位工程施工质量验收时，建筑电气分部（子分部）工程实物质量应抽检下列部位和设施，且抽检结果应符合《建筑电气工程施工质量验收规范》GB 50303—2015 的规定：

（1）变配电室，技术层、设备层的动力工程，电气竖井，电气系统接地，建筑屋面的防雷工程，电气系统接地，重要的或大面积活动场所的照明工程，以及 5％自然间的建筑电气动力、照明工程；

（2）室外电气工程的变配电室，以及灯具总数的 5％。

6. 变配电室通电后可抽测下列项目，抽测结果应符合《建筑电气工程施工质量验收规范》GB 50303—2015 的规定和设计要求：

（1）各类电源自动切换或通断装置；

（2）馈电线路的绝缘电阻；

（3）接地故障回路阻抗；

（4）开关、插座的接线正确性；

（5）剩余电流动作保护器的动作电流和时间；

（6）接地装置的接地电阻；

（7）照度。

第四节　建筑电气工程施工质量管理的主要内容

一、变配电室安装

（一）主控项目

变配电室金属门应采用裸编织铜线与保护接地导体可靠连接，其截面积不应小于 $4mm^2$，并设置防鼠板。如图 1-9、图 1-10 所示。

图 1-9　配电室金属门与保护接地干线连接　　　图 1-10　配电室门口设置防鼠板

（二）一般项目

1. 接地干线的连接应符合下列规定：

（1）钢制接地线干线搭接焊接搭接长度应符合下列规定：

1）扁钢与扁钢搭接不应小于扁钢宽度的 2 倍，且应不少于三面施焊；

2）圆钢与圆钢搭接不应小于圆钢直径的 6 倍，且应双面施焊；

3）圆钢与扁钢搭接不应小于圆钢直径的 6 倍，且应双面施焊；

4）扁钢与钢管，扁钢与角钢焊接，紧贴角钢外侧两面，或紧贴 3/4 钢管表面，上下两侧施焊。

（2）采用螺栓搭接，母线与母线、母线与电器或设备接线端子搭接，搭接面的处理应符合下列规定：

1）铜与铜：室外、高温且潮湿的室内，搭接面搪锡或镀银；干燥的室内，可不搪锡或镀银；

2）铝与铝：可直接搭接；

3）钢与钢：搭接面搪锡或镀锌；

4）铜与铝：在干燥的室内，铜导体搭接面搪锡；在潮湿场所，铜导体搭接面搪锡或镀银，且采用铜铝过渡连接；

5）钢与铜或铝：钢搭接面镀锌或搪锡。

（3）铜与铜或铜与钢采用热剂焊（放热焊接）时，接头应无贯穿性的气孔且表面平滑。

2. 高低压配电室的成套配电柜、母线槽、梯架及托盘的正上方不应安装灯具。如图 1-11 所示

3. 明敷的室内接地干线支持件应固定可靠、间距均匀，扁形导体支持件固定间距宜为 500mm；圆形导体支持件固定间距宜为 1000mm；弯曲部分宜为 0.3～0.5m。如

图 1-11　高低压配电室照明灯具位于通道中央

图 1-12 所示。

4. 接地干线跨越建筑物变形缝时，应采取补偿措施。如图 1-13 所示。

图 1-12　明敷设接地干线支持件　　　　　　图 1-13　接地干线穿越变形缝
　　　　　固定牢固、间距合理　　　　　　　　　　　做补偿处理

5. 变配电室内明敷接地干线安装应符合下列规定：

（1）当沿建筑物墙壁水平敷设时，与建筑物墙壁间的间隙宜为 10～20mm。如图 1-14 所示；

（2）接地干线全长度及每个连接部位的表面，应涂以 15～100mm 宽度相等的黄绿相间颜色的条纹标识；

（3）变配电室的接地干线上应设置不少于 2 个供临时接地用的接线柱或接地螺栓，如图 1-15 所示。

图 1-14　接地干线距墙壁合理且表面标识　　　图 1-15　接地干线设有 2 个以上接线柱

二、变压器、箱式变电所安装

（一）主控项目

1. 干式变压器安装位置应符合设计要求，附近应配置消防器材。如图 1-16 所示。

2. 变压器中性点的接地连接型式及接地电阻值应符合设计要求。如图 1-17 所示。

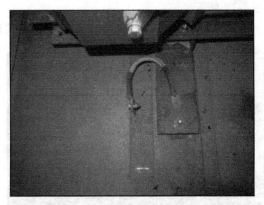

图1-16　干式变压器保护罩四周通风散热　　　　图1-17　干式变压器中性点接地

3. 变压器箱体、干式变压器的支架、基础型钢及铠装电缆外壳应分别单独与保护接地（PE）干线可靠连接，且防松零件齐全。如图1-18所示。

4. 箱式变电所的交接试验应符合下列规定：

（1）由高压成套开关柜、低压成套开关柜和变压器三个独立单元组合成的箱式变电所，如图1-19～图1-21所示。高压电气设备高压开关、熔断器和变压器等应按产品的技术文件要求进行交接试验；

图1-18　保护罩支架、基础型钢、铠装电缆外壳接地　　　图1-19　高压成套开关柜

图1-20　低压成套开关柜　　　　　　　　图1-21　干式变压器

（2）低压成套配电柜和馈电线路的每路配电开关及保护装置的相间和相对地间的绝缘电阻值应不小于 0.5MΩ；当国家现行产品标准未作规定时，电气装置的交流工频耐压试验电压 1kV，试验持续时间 1min，当绝缘电阻值大于 10MΩ 时，宜采用 2500V 兆欧表摇测。

（二）一般项目

变压器的套管中心线应与母线槽中心线在同一轴线上，如图 1-22 所示。

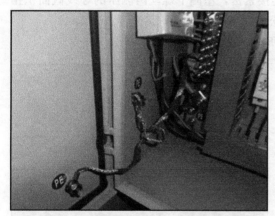

图 1-22　变压器套管与母线槽中心线在同一轴线

三、成套配电柜、配电箱安装

（一）主控项目

1. 配电柜柜的金属框架及基础型钢必须与保护导体（PE）可靠连接；装有电器元件的可开启门，门和框架的接地端子间应选用不小于 4mm² 黄色和绿色相间绝缘软导线连接，并应有标识。如图 1-23、图 1-24 所示。

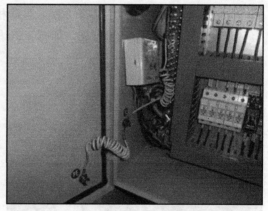

图 1-23　门和框架的端子间裸编织铜线连接　　　　图 1-24　门和框架的端子间软铜导线连接

2. 成套配电柜和配电箱应有可靠的电击保护。配电柜和配电箱内保护接地导体（PE）应与外部裸露的保护接地干线的端子可靠连接。如图 1-25 所示。

图 1-25　汇流排（PE）与保护接地干线连接

3. 抽屉式成套配电柜推拉应灵活，无卡阻碰撞现象，如图 1-26 所示。动触头与静触头的中心线应一致，且触头接触紧密，投入时，接地触头先于主触头接触；退出时，接地触头后于主触头脱开。

4. 配电柜、配电箱内电涌保护器（SPD）安装应符合下列规定：

（1）SPD 的型号规格应符合设计要求，接地导线的位置不宜靠近出线位置；

（2）SPD 的连接导线应平直、足够短，且不宜大于 0.5m。如图 1-27 所示。

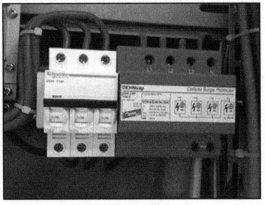

图 1-26　抽屉式成套配电柜推拉无卡阻　　　　图 1-27　SPD 的连接导线平直且不大于 0.5m

5. 照明配电箱安装应符合下列规定：

（1）箱内配线整齐，无绞接现象。导线连接紧密，垫圈下螺丝两侧压的导线截面积相同，同一端子上导线连接不多于 2 根，且防松零件齐全。如图 1-28 所示；

（2）箱内开关动作灵活可靠，如图 1-29 所示；

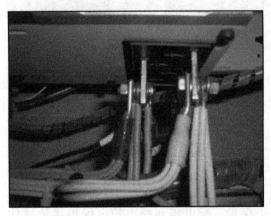

图 1-28　同一端子上导线不多于 2 根　　　　　图 1-29　箱门内侧粘贴系统图

（3）照明箱内分别设置中性导体（N 线）和保护导体（PE 线）汇流排，汇流排上同一端子不应连接不同回路的 N 线或 PE 线。如图 1-30 所示。

6. 低压成套配电柜、箱及控制柜（台、箱）间线路的线间和线对地间绝缘电阻值，馈电线路应不小于 0.5MΩ；二次回路应不小于 1MΩ，二次回路的耐压试验电压应为 1000V，当回路绝缘电阻值大于 10MΩ 时，应采用 2500V 兆欧表代替，试验持续时间应为 1min，或符合产品技术文件要求。

（二）一般项目

1. 基础型钢安装允许偏差应符合表 1-7 的规定。如图 1-31 所示。

基础型钢安装允许偏差　　表 1-7

项目	允 许 偏 差	
	(mm/m)	(mm/全长)
不直度	1	5
水平度	1	5
不平行度	—	5

图 1-30　N 线和 PE 线汇流排单独设置

2. 配电柜的布局及安全间距应符合设计要求，宜设置工位标识线。如图 1-32 所示。

3. 配电柜与基础型钢间应用镀锌螺栓连接，且防松零件齐全，如图 1-33 所示；当设计有防火要求时，配电柜的进、出口均应做防火封堵，并应封堵严密。

图 1-31　基础型钢顶部
宜高出抹平地面 10mm

图 1-32　配电柜侧面的维护
通道不小于 1m

4. 室外安装的落地式配电柜的基础应高于地坪，周围排水通畅，其底座周围应采取封闭措施。如图 1-34 所示。

图 1-33　基础型钢与配电柜间
选用 M12 镀锌螺栓连接

图 1-34　室外选用防雨
防尘型配电柜

图 1-35　配电柜安装垂直度允许偏差为 1.5‰

5. 配电柜安装垂直度允许偏差为 1.5‰，相互间接缝不应大于 2mm，成列盘面偏差不应大于 5mm。如图 1-35 所示。

6. 配电柜、配电箱的配线应符合下列规定：

（1）二次回路接线应符合设计要求，除电子元件回路或类似回路外，回路的绝缘导线额定电压不应低于 450/750V；对于铜芯绝缘导线或电缆的导体截面积，电流回路不应小于 $2.5mm^2$，其他回路不应小于 $1.5mm^2$；

（2）二次回路连线应成束绑扎，如图 1-36 所示。不同电压等级、交流、直流线路及计算机控制线路应分别绑扎，且有标识。

7. 配电柜、配电箱盘面板上的电器元件连接导线应符合下列规定：

（1）线束有外套塑料管等加强绝缘保护层，如图 1-37 所示；

图 1-36　配电柜二次线绑扎有序

图 1-37　开关线束套有绝缘塑料管

（2）与电器元件连接时，可采用不开口的铜线鼻子与接线端子连接。

8. 照明配电箱安装应符合下列规定：

（1）箱体开孔与导管管径适配，如图 1-38 所示，暗装配电箱箱门与墙面平齐，箱体涂层完整；

（2）箱体的安装位置、高度应符合设计要求，垂直度允许偏差不应大于 1.5‰，如图 1-39 所示；

（3）箱内回路编号齐全，标识正确。

9. 进入配电柜内的导管管口，当箱底无封板时，管口应高出配电柜的基础面 50～80mm。如图 1-40 所示。

10. 当采用多相供电时，同一建筑物、构筑物的绝缘导线绝缘层颜色应一致。如图 1-41 所示。

图 1-38　配电箱箱体开孔与导管管径适配

图 1-39　箱体的安装位置、高度正确

图 1-40　导管管口高出配电柜的
基础面 50mm

图 1-41　同一建筑物的绝缘导线绝
缘层颜色一致

四、柴油发电机组安装

（一）主控项目

1. 柴油发电机馈电线路连接后，两端的相序应与原供电系统的相序一致。如图 1-42、图 1-43 所示。

2. 发电机的中性点接地连接方式及接地电阻值应符合设计要求，接地螺栓防松零件齐全，且有标识。如图 1-44 所示。

图 1-42　柴油发电机组馈电线路

图 1-43　供电系统供电线路

3. 发电机本体和机械部分的外露可导电部分应分别与保护接地导体（PE）可靠连接，并应有标识。如图 1-45 所示。

4. 燃油系统的设备及管道应做等电位联结。如图 1-46 所示。

图 1-44　可靠接地、减震器、防位移完备

图 1-45　柴油发电机组外露导电部分接地

（二）一般项目

受电侧成套配电柜的开关设备、自动或手动切换装置及继电保护装置等试验合格，并按自备电源的设计要求进行负荷试验，柴油发电机组连续运行无故障。

五、应急电源机柜安装

（一）主控项目

1. 应急电源机柜的整流装置、逆变装置、静态开关装置、储能电池或蓄电池组的规格、型号必须符合设计要求。如图 1-47 所示。内

图 1-46　燃油系统金属管道等电位联结

部布线排列整齐，端子连接紧固，且防松零件齐全。

2. 应急电源机柜的极性正确，输入、输出各级保护系统的动作和输出的电压稳定性、波形畸变系数及频率、相位、静态开关的动作等各项技术性能指标应符合产品技术文件要求，如图 1-48 所示。根据产品技术文件进行调试，且应达到设计文件要求。

图 1-47　机柜内部电子单元排列整齐

图 1-48　输出的电压、电流显示稳定

3. 应急电源机柜输出端的系统接地型式必须符合设计要求。如图 1-49 所示。

（二）一般项目

1. 应急电源机架或金属底座组装应横平竖直、紧固件齐全，水平度、垂直度允许偏差不应大于 1.5‰。如图 1-50 所示。

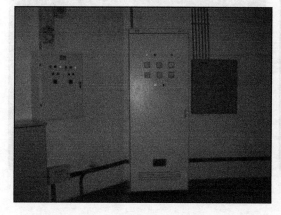

图 1-49　机柜（PE）汇流排与接地干线连接

图 1-50　机柜安装横平竖直

2. 引入或引出应急电源机柜的主回路绝缘导线、电缆和控制绝缘导线、电缆应分别穿钢导管保护，当在电缆支吊架上或在梯架、托盘和槽盒内平行敷设时，其分隔间距应符合设计要求。如图 1-51 所示。

3. 应急电源机柜的外露可导电部分应分别与保护接地导体（PE）可靠连接，且有标识。如图 1-52 所示。

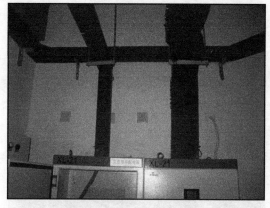

图 1-51　机柜的线缆沿槽盒敷设

图 1-52　机柜金属门与保护接地线连接

六、母线槽安装

（一）主控项目

1. 母线槽的外壳等外露可导电部分应符合下列规定：

（1）每段母线槽的金属外壳间应可靠连接，且母线槽全长与保护接地导体（PE）可靠连接不应少于 2 处。如图 1-53 所示；

（2）分支母线槽的金属外壳末端应与保护接地导体（PE）可靠连接。如图1-54所示；

（3）采用铜导线做联结线，最小截面不得小于4mm²。

图1-53　通长母线槽与保护接地导体（PE）
少于2处连接

图1-54　母线槽金属外壳作等电位联结

2. 母线与母线、母线与电器元件接线端子采用螺栓搭接连接时，应符合下列规定：

（1）当一个连接处需要多个螺栓进行连接时，每个螺栓的拧紧力矩值应一致。如图1-55所示；

（2）母线接触面应保持清洁，宜涂抗氧化剂，螺栓孔周边应无毛刺；

（3）连接螺栓两侧有平垫圈，螺母侧装有弹簧垫圈，螺栓与螺母拧紧，如图1-56所示；

图1-55　连接处每个螺栓的力矩应一致

图1-56　螺栓两侧有平垫，螺母侧有弹垫

（4）螺栓受力均匀，不应使电器元件的接线端子受额外应力。如图1-57所示。

3. 母线槽安装应符合下列规定：

（1）母线槽不宜安装在水管正下方，如图1-58所示；

（2）当母线槽段与段连接时，两相邻段母线及外壳宜对准，相序应正确，连接后不应使母线及外壳受额外应力。如图1-59所示。

（二）一般项目

1. 母线槽支吊架安装应符合下列规定：

（1）建筑钢结构构件上不得采用熔焊连接母线槽支吊架。与预埋件采用焊接固定时，焊缝应饱满，如图 1-60 所示；采用膨胀螺栓固定时，选用螺栓应适配，如图 1-61 所示；

（2）支吊架应安装牢固、无明显扭曲，采用金属支吊架固定时应有防晃支吊架，配电母线槽的圆钢吊架直径不得小于 8mm；照明母线圆钢支吊架直径不得低于 6mm。

图 1-57　塑壳开关接线端子不受额外应力

图 1-58　母线槽不宜安装在消防管道下方

图 1-59　连接后母线及外壳不应受额外应力

图 1-60　母线槽支架与预埋件采用焊接固定

图 1-61　母线槽吊架采用膨胀螺栓固定

2. 母线的相序排列及涂色标识应符合下列规定：

（1）对于面对引下线的交流母线，由左至右排列应为 L1、L2、L3，如图 1-62 所示；直流母线正极应在左，负极在右，如图 1-63 所示；

（2）母线的涂色标识：交流母线 L1 为黄色、L2 为绿色、L3 为红色、中性导体为淡蓝色；直流母线正极应为赭色、负极为蓝色；保护接地导体（PE）为黄-绿双间颜色。

图 1-62　交流母线由左至右排列为 L1、L2、L3　　图 1-63　直流母线由左至右排列为正极、负极

3. 母线槽安装应符合下列规定：

（1）水平或垂直敷设的母线槽固定点每段设置一个，如图 1-64、图 1-65 所示。其间距应符合产品技术文件的要求，距拐弯 0.4～0.6m 处设置支吊架，固定点位置不应设置在母线槽的连接处；

图 1-64　水平敷设的母线槽　　　　　　　图 1-65　垂直敷设的母线槽

图 1-66　高度 50mm 的防水台并防火封堵

（2）母线槽段与段的连接处不应设置在穿越楼板或墙体内，垂直穿越楼板处应设有专用支座，其孔洞四周应设置高度为 50mm 及以上的防水台，并应采取防火封堵措施。如图 1-66 所示；

（3）母线槽跨越建筑物变形缝处，应设置补偿装置；母线槽直线敷设长度超过 80m，每 50～60m 宜设置伸缩节；

（4）母线槽直线段安装应平直，水平度与垂直度偏差不宜大于 1.5‰，全长最大偏差不宜大于 20mm；照明用母线槽水平偏差全长不应大于 5mm，垂直偏差不应大于 10mm；

（5）外壳与底座间、外壳各连接部位及母线的连接螺栓应按产品技术文件要求选择正确、连接紧固；

（6）母线槽上无插接部件的接插口及母线端部应用专用的封板封堵完好；

（7）母线槽与各类管道平行或交叉的净距应符合表1-8的规定。

母线槽与管道的最小净距（mm）　　　　　表1-8

管道类别		平行净距	交叉净距
一般工艺管道		400	300
可燃或易燃易爆气体管道		500	500
热力管道	有保温层	500	300
	无保温层	1000	500

七、梯架、托盘和槽盒安装

（一）主控项目

1. 金属梯架、托盘或槽盒本体之间的连接应牢固可靠，与保护接地导体（PE）的连接应符合下列规定：

（1）金属梯架、托盘和槽盒全长不大于30m时，不应少于2处与保护接地导体（PE）可靠连接；全长大于30m时，应每隔20～30m增加一处连接点，起始端和终点端均应与保护导体（PE）可靠连接。如图1-67所示；

图1-67　通长大于30m有2处可靠保护接地连接

（2）非镀锌梯架、托盘和槽盒本体间连接板的两端应跨接保护联结导体，保护联结导体的截面积不小于4mm²，如图1-68所示；

（3）镀锌梯架、托盘和槽盒本体间连接板的两端不跨接保护联结导体时，连接板两端不少于2个有防松螺帽或防松垫圈的连接固定螺栓。如图1-69所示。

图1-68　非镀锌连接板处做等电位联结

图1-69　镀锌连接板不做等电位联结

2. 电缆梯架、托盘和槽盒转弯、分支处宜采用专用连接配件，其弯曲半径不应小于梯架、托盘和槽盒内电缆最小允许弯曲半径，电缆最小允许弯曲半径应符合表 1-9 的规定。

电缆最小允许半径 表 1-9

电缆形式		电缆外径（mm）	多芯电缆	单芯电缆
塑料绝缘电缆	无铠装	—	15D	20D
	有铠装	—	12D	15D
橡皮绝缘电缆		—	10D	10D
控制电缆	非铠装型、屏蔽型	—	6D	—
	铠装型、铜芯屏蔽型	—	12D	—
	其他	—	10D	—
铝合金导体电力电缆		—	7D	7D
氧化镁绝缘刚性矿物绝缘电缆		<7	2D	2D
		≥7，且<12	3D	3D
		≥12，且<15	4D	4D
		≥15	6D	6D
其他矿物绝缘电缆		—	15D	15D

注：D 为电缆外径。

（二）一般项目

1. 当钢制梯架、托盘和槽盒直线长度超过 30m、铝合金或玻璃钢制梯架、托盘和槽盒直线长度超过 15m 时，应设置伸缩节。如图 1-70、图 1-71 所示。

2. 梯架、托盘和槽盒与支吊架间及与连接板的固定螺栓应紧固无遗漏，螺母位于梯架、托盘和槽盒外侧。如图 1-72 所示。

图 1-70　直线长度超过 30m 设置伸缩节

图 1-71　玻璃钢槽盒直线长度超过 15m 设置伸缩节

3. 当设计无要求时，梯架、托盘、槽盒及支吊架安装应符合下列规定：

（1）梯架、托盘、槽盒宜安装在水管的上方，相互间平行净距离不大于 400mm，交叉净距离不小于 300mm，如图 1-73、图 1-74 所示；

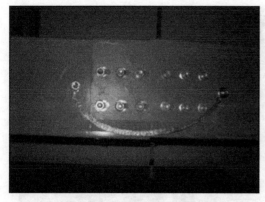

图1-72　螺母位于梯架、托盘和槽盒同一侧　　　　　图1-73　托盘与水管平行净距为400mm

（2）敷设在电气竖井内、穿越楼板处和不同防火分区的梯架、托盘和槽盒，应采取防火封堵措施，如图1-75所示；

图1-74　槽盒与水管交叉净距为300mm　　　　　　图1-75　地面洞口进行防火封堵

（3）对于敷设在室外的梯架、托盘和槽盒，槽盒底部应有泄水孔。如图1-76所示；

（4）支吊架水平安装间距为1.5～3m，垂直安装间距不大于2m，如图1-77所示；

图1-76　室外槽盒底部设置泄水孔　　　　　　　图1-77　水平支吊架安装间距为1.5m

（5）采用金属支吊架固定时，圆钢直径不得小于 8mm，并应有防晃支吊架，如图 1-78 所示；在分支处或端部 0.3～0.5m 处有固定支吊架；

（6）梯架、托盘、槽盒与各类管道平行或交叉的净距应符合表 1-10 的规定。

4. 槽盒内敷线应符合下列规定：

（1）绝缘导线在槽盒内应留有一定余量，并应按回路编号分段绑扎，绑扎点间距不应大于 1.5m。如图 1-79 所示；

（2）当垂直或大于 45°倾斜敷设时，应将绝缘导线分段固定在槽盒内壁的专用部件上，每段至少应有一个固定点。如图 1-80 所示；

图 1-78　设置防晃支吊架防止管道扰动

梯架、托盘、槽盒与管道的最小净距（mm）　　　　　　　表 1-10

管道类别		平行净距	交叉净距
一般工艺管道		400	300
可燃或易燃易爆气体管道		500	500
热力管道	有保温层	500	300
	无保温层	1000	500

图 1-79　槽盒内绑扎点间距 1.5m

图 1-80　垂直或倾斜敷设线缆分段固定在卡件

（3）当直线段长度大于 3.2m 时，其固定点间距不应大于 1.6m；槽盒内导线应排列整齐、有序；

（4）敷线完成后，槽盒盖板应复位，盖板应齐全、平整、牢固，如图 1-81 所示。

5. 支吊架设置应符合设计要求，支吊架安装应牢固、无明显扭曲；与预埋件焊接固定时，焊缝应饱满；膨胀螺栓固定时，螺栓应选用适配、防松零件齐全、连接紧固。

6. 位于室外及潮湿场所的金属支吊架应做防腐处理。

八、导管敷设

（一）主控项目

1. 金属导管应与保护接地导体（PE）可靠连接，并应符合下列规定：

（1）镀锌钢导管、金属柔性导管不得熔焊连接，如图 1-82 所示；

（2）当非镀锌钢导管采用螺纹连接时，连接处的两端应焊接保护联结导体。保护联结导体宜为圆钢，直径不应小于 6mm，其搭接长度应为圆钢直径的 6 倍。如图 1-83 所示；

（3）镀锌钢导管、金属柔性导管连接处的两端宜采用专用接地卡固定保护联结导体，如图 1-84 所示；

图 1-81　槽盒盖板复位平整、牢固

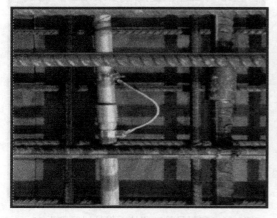

图 1-82　镀锌管间设置保护联结线卡

图 1-83　管盒间焊接保护联结导体

（4）机械连接的金属导管，管与管、管与盒（箱）体的连接配件应选用配套部件，其连接符合产品技术文件要求。如图 1-85 所示；

（5）金属导管与金属梯架、托盘或槽盒连接时，镀锌材质的连接端宜用专用接线卡固定保护联结导体，非镀锌材质的连接处应焊接保护联结导体。如图 1-86 所示；

（6）以专用接线卡固定的保护联结导体应为铜芯软导体，截面积不应小于 $4mm^2$。如图 1-87 所示。

2. 当塑料导管在砌体上剔槽埋设时，应采用强度等级不小于 M10 的水泥砂浆抹面保护，保护层厚度不小于 15mm，如图 1-

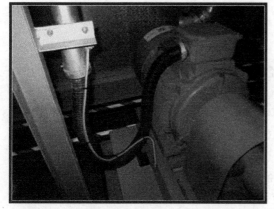

图 1-84　金属柔性导管连接处设置保护联结线卡

88 所示。

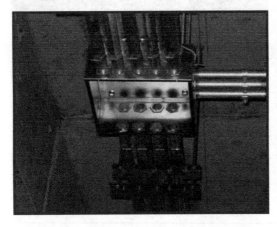

图 1-85　管与盒（箱）体的连接配件适配

图 1-86　导管与槽盒连接端设有保护联结线卡

图 1-87　保护联结线卡截面为大于 4mm² 铜导线

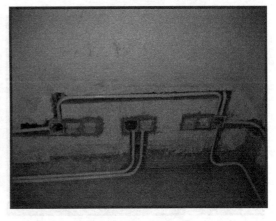

图 1-88　塑料导管砂浆抹面保护层厚度为 15mm

3. 导管穿越密闭或防护密闭隔墙时，应设置预埋套管，预埋套管的制作和安装应符合设计要求，套管两端伸出墙面的长度宜为 30～50mm，导管穿越密闭穿墙套管的两侧应设置过线盒，并应做好封堵。如图 1-89 所示。

（二）一般项目

1. 导管的弯曲半径应符合下列要求：

（1）明配导管的弯曲半径不宜小于管外径的 6 倍，当两个接线盒间设有一个弯曲时，其弯曲半径不宜小于管外径的 4 倍。如图 1-90、图 1-91 所示；

（2）埋设于混凝土内的导管的弯曲半径不宜小于管外径的 6 倍，如图 1-92 所示；当直埋于地下时，其弯曲半径不宜小于管外径的 10 倍。

2. 导管支吊架安装应符合下列要求：

（1）当导管采用支吊架固定时，圆钢直径不得小于 8mm，并应设置防晃支吊架，在距离盒（箱）、分支处或端部 0.3～0.5m 处应设置固定支吊架。如图 1-93 所示；

（2）金属支吊架应进行防腐，位于室外及潮湿场所应按设计做处理。

3. 除设计要求外，对于暗配的导管，导管表面埋设深度与建筑物、构筑物表面的距离不应小于15mm。如图1-94所示。

图1-89　导管穿越墙体的两侧应设置过线盒

图1-90　人工煨弯器煨制钢导管

图1-91　液压煨弯器煨制钢导管

图1-92　钢导管的弯曲半径不小于管外径的6倍

图1-93　支吊架采用圆钢其直径不小于8mm

图1-94　暗配的导管其保护层厚度不小于15mm

4. 明配的电气导管应符合下列要求：
（1）导管应排列整齐、固定点间距均匀、安装牢固，如图1-95所示；

图 1-95　明配管排列整齐、固定点均匀

（2）距终端、弯头中点或配电柜、配电箱 150～500mm 范围内设置保护联结线卡，如图 1-96 所示。中间直线段固定管卡间的最大距离应符合表 1-11 的规定；

管卡间的最大距离　　　　　　　　　　　　　　　表 1-11

敷设方式	导管种类	导管直径（mm）			
		15～20	25～32	40～50	65 以上
		管卡间最大距离（m）			
支架或沿墙明敷	壁厚>2mm 刚性钢导管	1.5	2.0	2.5	3.5
	壁厚≤2mm 刚性钢导管	1.0	1.5	2.0	—
	刚性塑料导管	1.0	1.5	2.0	2.0

（3）明配管采用的接线或过渡盒（箱）应选用明装盒（箱）。如图 1-97 所示。

图 1-96　距配电箱 200mm 处设置保护联结线卡

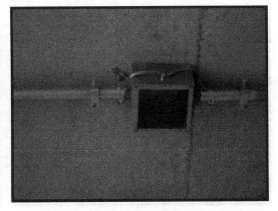

图 1-97　明配管采用适配明装盒（箱）

5. 塑料导管敷设应符合下列规定：

（1）管口平整光滑，管与管、管与盒（箱）等采用插接时，连接处结合面涂专用胶合

剂，接口牢固密封。如图 1-98 所示；

（2）直埋于地下或楼板内的刚性塑料导管，在穿出地面或楼板易受机械损伤的一段应采取保护措施。如图 1-99 所示；

（3）当设计无要求时，埋设在墙内或混凝土内的塑料导管应采用中型及以上的导管。如图 1-100 所示。

6. 除埋设于混凝土内的钢导管内壁应做防腐处理，如图 1-101 所示。外壁可不做防腐处理外，其余场所敷设的钢导管内壁、外壁均应做防腐处理。如图 1-102 所示。

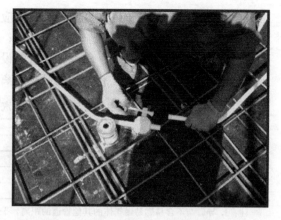

图 1-98　PVC 管连接处粘接牢固密封

图 1-99　PVC 管露出地面部分采取保护措施

图 1-100　混凝土内的 PVC 管采用中型以上

图 1-101　混凝土内的钢导管内壁做防腐处理

图 1-102　砌体内钢导管内壁、外壁均做防腐处理

7. 金属导管敷设应符合下列规定：

（1）金属导管穿越外墙时应设置防水套管，且做好防水处理；

（2）金属导管跨越建筑物变形缝处应做补偿处理；

（3）除埋设于混凝土内的金属导管内壁应防腐处理，外壁可不防腐处理外，其余场所敷设的金属导管内壁、外壁均应做防腐处理；

（4）金属导管与热水管、蒸汽管平行敷设时，宜敷设在热水管、蒸汽管的下面，当有困难时，可敷设在其上面；相互间的最小距离宜符合表1-12规定。

金属导管与热水管、蒸汽管间的最小距离（mm）　　　　　　表1-12

金属导管敷设位置	管道种类	
	热水	蒸汽
在热水、蒸汽管道上面平行敷设	300	1000
在热水、蒸汽管道下面或水平行敷设	200	500
与热水、蒸汽管道交叉敷设	100	300

注：1. 导管与不含易燃易爆气体的其他管道的距离，平行敷设不应小于100mm，交叉敷设处不应小于50mm；

　　2. 导管与易燃易爆气体不宜平行敷设，交叉敷设处不应小于100mm；

　　3. 达不到规定距离时应采取可靠有效的隔离保护措施。

九、电缆敷设

（一）主控项目

1. 金属电缆支架必须与保护接地导体（PE）可靠连接。如图1-103所示。

2. 当电缆敷设存在可能受到机械外力损伤、振动、浸水及腐蚀性或污染时，应采取防护措施。如图1-104、图1-105所示。

3. 交流单芯电缆或分相后的每相电缆不得单独穿于钢导管内，固定用的夹具和支架不应形成闭合磁路。如图1-106所示。

4. 电缆的敷设和排列布局应符合设计要求，矿物绝缘电缆敷设在温度变化大的场所、振动场所时应采取"S"或"Ω"弯。如图1-107所示。

图1-103　电缆支架与保护接地导体可靠连接

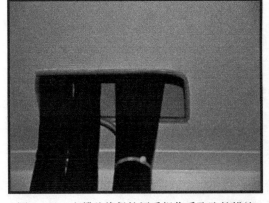

图1-104　电缆绝缘保护层受损伤采取防护措施

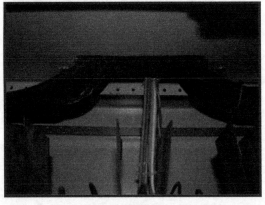

图1-105　电缆绝缘保护层受腐蚀采取防护措施

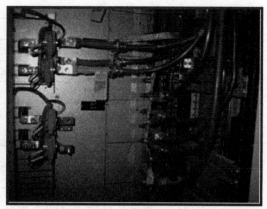

图 1-106　固定交流单芯电缆的夹具　　　图 1-107　矿物绝缘电缆在温度高的
环境应设置"Ω"弯

（二）一般项目

1. 电缆支吊架安装应符合下列规定：

（1）除设计要求外，建筑钢结构构件上不得熔焊支吊架；

（2）当设计无要求时，电缆支架层间最小允许距离符合表 1-13 的规定，层间净距不应小于 2 倍电缆外径加 10mm，35kV 高压电缆不应小于 2 倍电缆外径加 50mm；

电缆支吊架间最小允许距离（mm）　　　　　　　　　表 1-13

电缆种类		支吊架上敷设	梯架、托盘内敷设
控制电缆明敷		120	200
电力电缆明敷	10kV 及以下电力电缆 （除 6～10kV 交联聚乙烯绝缘电力电缆）	150	250
	6～10kV 交联聚乙烯绝缘电力电缆	200	300
	35kV 单芯电力电缆	250	300
	35kV 三芯电力电缆	300	350
电缆敷设在槽盒内		$h+100$	

注：h 为槽盒高度。

（3）最上层电缆支吊架距构筑物顶板或梁底的最小净距应满足电缆引接至上方配电柜、箱时电缆弯曲半径的要求，且不宜小于表 1-13 所列数再加 80～150mm；距其他设备的最小净距不应小于 300mm，当无法满足要求时应设置防护板；

（4）当设计无要求时，最下层电缆支吊架距沟底、地面的最小距离不应小于表 1-14 的规定；

最下层电缆支吊架距沟底、地面的最小净距（mm）　　　　　　表 1-14

电缆敷设场所及其特征	垂直净距
电缆沟	50
隧道	100

电缆敷设场所及其特征		垂直净距
电缆夹层	非通道外	200
	至少在一侧不小于800mm宽通道外	1400
公共廊道中电缆支架无围栏防护		1500
室内机房或活动区间		2000
室外	无车辆通过	2500
	有车辆通过	4500
屋面		200

（5）支吊架与预埋件熔焊连接时，焊缝应饱满；当采用膨胀螺栓固定时，螺栓应适配、连接紧固、防松零件齐全，支吊架安装应牢固、无明显扭曲；

（6）位于室外及潮湿场所的支吊架应做防腐处理。

2.电缆敷设应符合下列规定：

（1）电缆排列顺直、整齐，且少交叉。如图1-108所示；

（2）在电缆沟或电缆竖井内，垂直敷设或大于45°倾斜敷设的电缆应在每个支架上固定。如图1-109所示；

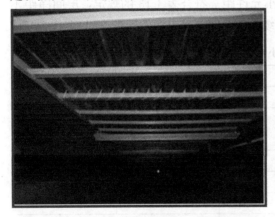

图1-108 水平敷设的电缆在梯架内排列顺直

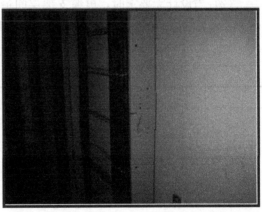

图1-109 垂直敷设的电缆牢固固定在支架上

图1-110 梯架内敷设电缆每隔2m固定

（3）在梯架、托盘或槽盒内大于45°倾斜敷设的电缆每隔2m固定，水平敷设的电缆，首尾两端、转弯两侧及每隔5～10m处设固定点。如图1-110、图1-111所示；

（4）电缆出入电气竖井、建筑物等部位应采取防火封堵措施；

（5）电缆出入电缆梯架、托盘、槽盒及配电柜、配电箱金属外壳处应做固定。如图1-112所示。

图 1-111　电缆首端、尾端和转弯处设置固定点　　　图 1-112　槽盒与及配电箱外壳采用机械连接

3. 直埋电缆的上、下部位应用细沙或软土回填，如图 1-113 所示，且应无石块、砖头等尖锐硬物。

4. 电缆的首端、末端和分支处应设标识牌，如图 1-114 所示，直埋电缆应设标识桩。

图 1-113　直埋电缆采用细沙回填　　　图 1-114　电缆的首端、末端和分支处设置标识牌

十、电缆头制作、导线连接

（一）主控项目

1. 低压或特低压配电线路线间和线对地间的绝缘电阻值测试电压及绝缘电阻值不应小于表 1-15 的规定，矿物绝缘电缆线间和线对地间的绝缘电阻应符合国家现行产品标准的规定。

低压或特低压配电线路绝缘电阻测试电压及绝缘电阻最小值　　　表 1-15

标称回路电压（V）	直流测试电压（V）	绝缘电阻（MΩ）
SELV 和 PELV	250	0.5
500V 及以下，包括 FELV	500	0.5
500V 以上	1000	1.0

2. 电力电缆的铜屏蔽层、铠装护套和矿物绝缘电阻的金属护套及其金属配件应采用铜绞线或镀锡铜编织线与保护导体做联结，其联结导体的截面积不应小于表 1-16 的规定。如图 1-115、图 1-116 所示。

电缆终端保护联结导体的截面积（mm²）　　　　　　　表 1-16

电缆相导体截面积	保护联结导体截面积
≤16	与电缆导体截面积相同
>16，且≤120	16
≥150	25

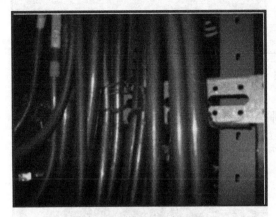

图 1-115　矿物绝缘电缆采用铜导线绑扎

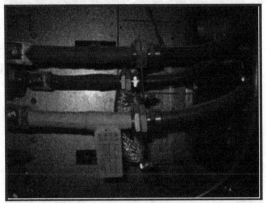

图 1-116　铜配件采用软铜编织线与接地保护线做联结

（二）一般项目

1. 电缆头应可靠固定，不应使电器元件或设备端子承受额外应力。如图 1-117 所示。

2. 导线与设备或电器元件的连接应符合下列规定：

（1）截面积在 10mm² 及以下的单股铜芯线可直接与设备或电器元件的端子连接，如图 1-118 所示；

图 1-117　电缆头采用尼龙绑扎带固定

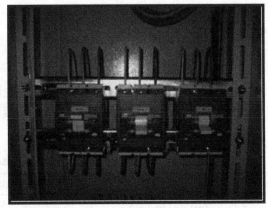

图 1-118　10mm² 及以下铜芯线与端子连接

（2）截面积在 2.5mm² 及以下的多股铜芯软导线接续端子，拧紧搪锡后与设备或电器元件的端子连接。如图 1-119 所示；

（3）截面积大于 2.5mm² 的多股铜芯软导线，多股铜芯软导线与插接式端子连接前，端部应拧紧搪锡，线束有外套塑料管。如图 1-120 所示；

（4）每个设备或电器元件的端子接线不多于 2 根导线或 2 个导线端子，如图 1-121 所示。

3. 截面积在 6mm² 及以下的铜芯线间应采用导线连接器或缠绕搪锡连接，并应符合下列规定：

图 1-119　2.5mm² 及以下多股铜软线搪锡

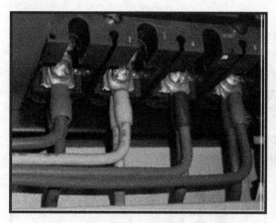

图 1-120 多股铜芯软导线搪锡且外套塑料管

图 1-121　电器元件接线端子不多于 2 根导线端子

（1）导线连接器应与导线截面相匹配，与导线连接器连接后不应明露线芯。如图 1-122 所示；

（2）单芯导线与多股铜芯软导线连接时，多股铜芯软导线宜搪锡处理。

4. 绝缘导线、电缆的线芯连接金具（连接管和端子），其规格应与线芯的规格适配，且不得采用开口端子，如图 1-123、图 1-124 所示，其性能应符合国家现行有关产品标准的规定。

5. 绝缘导线、电缆的线芯连接金具（连接管和端子），其规格应与线芯的规格适配，且不得采用开口端子，其性能应符合国家现行有关产品标准的规定。

6. 当连接金具（连接管和端子）规格与电气器具规格不适配时，不应采取降容处

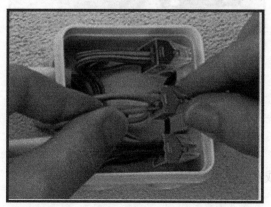

图 1-122　导线连接器与导线截面相适配

理措施。

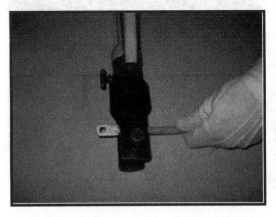
图 1-123　电缆线芯连接金具与线芯相适配

图 1-124　电缆线芯连接金具不得采用开口端子

十一、普通灯具安装

（一）主控项目

1. 灯具的固定应符合下列规定：

（1）灯具固定应牢固可靠，在砌体和混凝土结构上严禁使用木楔、尼龙塞或塑料塞固定；

（2）质量大于 10kg 的灯具，固定装置及悬吊装置按灯具重量的 5 倍恒定均布载荷做强度试验，且持续时间不得少于 15min。如图 1-125、图 1-126 所示。

图 1-125　酒店大厅悬吊大型花灯

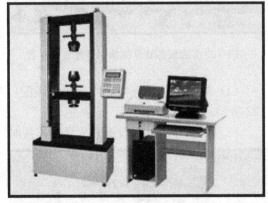
图 1-126　大型灯具固定装置载荷强度试验

2. 悬吊式灯具的安装应符合下列规定：

（1）带升降器的软线吊灯在吊线展开后，灯具下沿应高于工作台面 0.3m。如图 1-127、图 1-128 所示；

（2）质量大于 3kg 的悬吊灯具，其螺栓或预埋吊钩的直径不得小于 6mm。如图 1-129 所示；

（3）灯具与固定装置、灯具连接件间采用丝扣连接时，丝扣连接不得少于 5 扣。

图 1-127 带升降器的悬吊式灯具

图 1-128 灯具下端高于工作面 0.3m

3. 吸顶或墙壁安装的灯具,其螺栓或螺钉固定点不应少于 2 个,灯具应紧贴饰面。如图 1-130、图 1-131 所示。

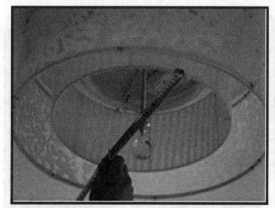

图 1-129 预埋吊钩的直径不小于 6mm

图 1-130 吸顶安装灯具固定点不少于 2 处

4. 埋地灯安装应符合下列规定:

(1) 埋地灯的防护等级符合设计要求;

(2) 埋地灯的接线盒应采用防护等级为 IPX7 的防水接线盒,盒内绝缘导线接头应做防水绝缘处理。如图 1-132 所示。

5. 庭院灯安装应符合下列规定:

(1) 灯杆与基础连接牢固,地脚螺栓备帽应齐全,如图 1-133 所示;灯具接线盒采用防护等级不小于 IPX5 的防水接线盒,盒盖防水密封垫齐全、完整;

(2) 灯杆的检修门有防水措施,且闭

图 1-131 墙壁安装灯具固定点不少于 2 处

锁防盗装置完好。如图 1-134 所示。

图 1-132　接线盒内接头做防水绝缘处理

图 1-133　灯杆与基础连接牢固

6. 安装在公共场所的大型灯具的玻璃罩，应采取预防玻璃罩向下坠落的措施。如图 1-135 所示。

图 1-134　灯杆的检修门有防水措施

图 1-135　外部设钢丝网罩预防玻璃罩坠落

7. LED灯具安装应符合下列规定：

（1）灯具安装应牢固可靠；

（2）灯具安装位置应具有较好的散热条件；

（3）灯具的接线端子应齐全、完好；

（4）灯具的驱动电源、电子控制装置室外安装时，应置于防雨防尘金属箱（盒）内，且驱动电源的极性标识清晰；

（5）室外灯具配管应具防腐处理。

（二）一般项目

1. 投光灯的底座及支架应牢固，枢轴应沿需要的光轴方向拧紧固定。如图 1-136 所示。

2. 聚光灯具的倾角应与照射物体的位置相对应。如图 1-137、图 1-138 所示。

图 1-136 投光灯安装牢固且朝向照射物

图 1-137 聚光灯的倾角与照射物的位置相对应

3. 导轨灯光源功率和灯具载荷应与照射物体的角度和固定点最大载荷相适应。如图 1-139 所示。

图 1-138 聚光灯的照射效果

图 1-139 导轨灯与照射物体的角度相对应

4. 露天安装的灯具应有泄水孔，泄水孔在灯具腔体的底部。如图 1-140 所示。

5. 安装于槽盒底部的荧光灯具应紧贴槽盒底部，并应牢固可靠。如图 1-141 所示。

图 1-140 露天安装的壁灯设置泄水孔

图 1-141 槽盒具紧贴槽盒底部且安装可靠

图 1-142 安装在可燃物应采取隔热防火措施

十二、专用灯具安装

（一）主控项目

1 消防应急照明灯具安装应符合下列规定：

（1）应急照明灯具运行中温度大于60℃，且靠近可燃物时，应采取隔热防火等措施。如图 1-142 所示；

（2）疏散指示灯安装高度及位置应符合设计要求，如图 1-143、图 1-144 所示；

（3）消防应急照明线路在非燃烧体内暗敷时，暗敷钢导管保护层厚度不小于 30mm。

图 1-143 疏散指示灯安装高度距地面 1m 以下

图 1-144 疏散指示灯安装在安全出口的顶部

2. 景观照明灯具安装应符合下列规定：

（1）人员来往密集场所安装的落地式灯具，无围栏防护时，灯具距地面高度应大于2.5m。如图 1-145、图 1-146 所示；

图 1-145 灯具安装高度距地面 2.5m 以上

图 1-146 上海外滩景观照明效

（2）金属构架和金属保护管应分别与保护接地导体（PE）采用焊接或机械连接，连接处应设置接地标识。

3. 航空障碍标志灯安装应符合下列规定：

（1）灯具安装牢固可靠，且便于维修和更换光源；

（2）安装在屋面需设置接闪器时，其接闪器与屋面接闪器可靠连接。如图 1-147、图 1-148 所示。

图 1-147　航空障碍标志灯具设置接闪器　　　图 1-148　航空障碍标志灯具接闪器与
屋面接闪带连接

4. 太阳能灯具安装应符合下列规定：

（1）太阳能灯杆与基础固定可靠，地脚螺栓有防松措施，灯杆接线盒盖的防水密封垫齐全、完整。如图 1-149、图 1-150 所示；

图 1-149　灯杆与基础固定牢固且地脚螺栓齐全　　　图 1-150　灯杆接线盒防水密封垫齐全

（2）灯具表面应平整光洁、色泽均匀，不应有明显的裂纹、划痕、缺损、锈蚀等缺陷。

5. 洁净场所灯具嵌入安装时，灯具与顶棚之间的间隙应用密封胶条和衬垫密封，密封胶条和衬垫应平整，不得扭曲、折叠。如图 1-151 所示。

6. 游泳池和类似场所灯具（水下灯及防水灯具）安装应符合下列规定：

（1）当引入灯具的电源采用导管保护时，应采用塑料导管，管端口做好防水密封处理；

（2）固定在水池构筑物上的所有金属部件应与等电位联结导体可靠连接，且应有标识。如图 1-152 所示。

图 1-151　格栅灯具缝隙采用衬垫封堵

图 1-152　水池内所有外露金属部件做等电位联结

（二）一般项目

1. 霓虹灯安装应符合下列规定：

（1）明装霓虹灯变压器安装高度低于 3.5m 时应采取防护措施，室外安装应采取防雨防尘措施；

（2）霓虹灯变压器安装位置应方便检修；

（3）当橱窗内装有霓虹灯时，橱窗门与霓虹灯变压器一次侧开关有联锁装置，确保开门时不得接通霓虹灯变压器的电源；

（4）霓虹灯管其托架应采用金属或不燃材料制作，且固定可靠。

2. 高压钠灯、金属卤化物灯安装应符合下列规定：

（1）光源的额定电压和安装方式应符合设计要求；

（2）灯具与基础固定应可靠，且与保护接地线可靠连接，灯具接线盒盖的防水密封垫齐全、完整。

3. 航空障碍标志灯安装位置应符合设计要求，灯具的自动通、断电源控制装置动作准确。

4. 太阳能灯具的电池板朝向和仰角调整符合地区纬度，迎光面无遮挡物，电池组件与支架连接牢固可靠，组件的输出线绑扎固定。

十三、开关、插座安装

（一）主控项目

1. 插座接线应符合下列规定：

（1）对于单相两孔插座，面对插座的右孔或上孔应与相线连接，左孔或下孔应与中性导线（N）连接；对于单相三孔插座，面对插座的右孔应与相线连接，左孔应与中性导线（N）连接。如图 1-153 所示；

（2）单相三孔、三相四孔及三相五孔插座的保护接地导线（PE）应接在上孔；插座的保护导体端子不与中性导线端子连接；同一场所的三相插座，其接线的相序应一致。如图 1-154 所示；

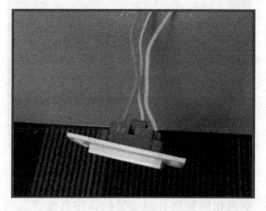

图 1-153 上孔接入保护地线、左孔接中性线、
右孔接相线

图 1-154 插座接线的相序应一致

（3）保护接地导体（PE）在插座之间不得串联连接；

（4）相线与中性导线（N）不应利用插座本体的接线端子转接供电。

2. 照明开关安装应符合下列规定：

（1）同一建筑物的开关宜采用同一系列的产品，单控开关的通断方向一致，且应操作灵活、接触可靠。如图 1-155 所示；

（2）相线应经开关控制照明灯具。

3. 绝缘导线接头应设置在专用接线盒（箱）或器具内，不得设置在导管和槽盒内，接线盒（箱）的设置位置应便于检修。如图 1-156 所示。

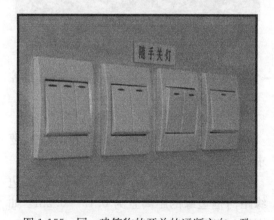

图 1-155 同一建筑物的开关的通断方向一致

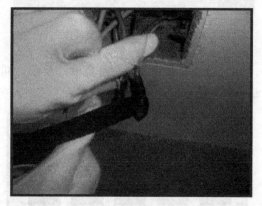

图 1-156 导线接头设置在接线盒

（二）一般项目

1. 绝缘导线穿管前，应清除管内杂物和积水，绝缘导线穿入导管的管口在穿线前应装设护线口。如图 1-157、图 1-158 所示。

2. 插座安装应符合下列规定：

图1-157　清理接线盒内杂物和积水

图1-158　焊接钢管管口加装护线口

（1）插座安装高度应符合设计要求，同一室内相同规格并列安装的插座高度宜一致。如图1-159所示；

（2）地面插座紧贴饰面，盖板应固定牢固，密封良好。如图1-160所示。

图1-159　同一场所插座安装高度一致

图1-160　地面插座紧贴饰面且密封良好

3. 温控器安装高度应符合设计要求；同一室内并列安装的温控器高度宜一致，且控制有序不错位。如图1-161所示。

图1-161　同一场所温控器的安装高度一致

4. 照明开关安装应符合下列规定：

（1）照明开关安装高度应符合设计要求，如图1-162所示；

（2）开关安装位置应便于操作，开关边缘距门框边缘的距离宜为0.15～0.2m。如图1-163所示；

（3）相同型号并列安装高度一致，并列安装的拉线开关的相邻间距不宜小于20mm。

5.《建筑电气工程施工质量验收规范》GB 50303—2002：22.1.3 特殊情况下插座

安装应符合下列规定：2 潮湿场所采用密封型并带保护地线触头的保护型插座，安装高度不低于 1.5m。如图 1-164、图 1-165 所示。

图 1-162　开关安装高度符合设计要求

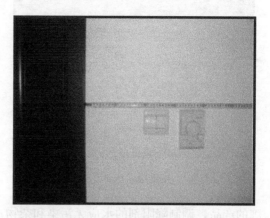

图 1-163　开关面板距门框为 0.15～0.2m

图 1-164　潮湿场所插座带保护地线

图 1-165　潮湿场所选择防水防溅型插座

6.《建筑设计防火规范》GB 50016—2006：11.2.4 开关、插座和照明灯具靠近可燃物时，应采取隔热、散热等防火保护措施。如图 1-166 所示。

十四、接地装置安装

（一）主控项目

1. 接地装置在地面以上部分，应按设计要求设置测试点，测试点不应被外墙饰面遮掩，且应有明显标识。如图 1-167、图 1-168 所示。

2. 接地装置的材料规格、型号应符合设计要求，如图 1-169 所示。

3. 当接地电阻达不到要求需采取措施降低接地电阻时，应符合下列要求：

（1）采用降阻剂时，降阻剂应为同一品

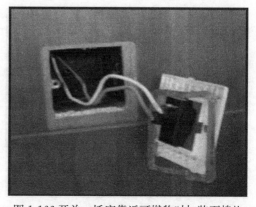

图 1-166 开关、插座靠近可燃物时加装石棉垫

图1-167 接地电阻测试点标识明显

图1-168 测试点附件齐全

牌的产品，调制降阻剂的水应无污染和杂物；降阻剂应均匀灌注于垂直接地体周围，如图1-170所示；

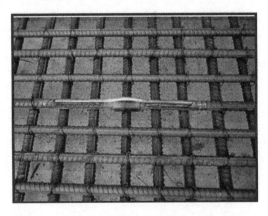

图1-169 接地装置材料的规格型号符合设计要求

图1-170 降阻剂均匀灌注在垂直接地极周围

（2）采取换土或将人工接地体外延至土壤电阻率较低处时，应掌握有关的地质结构资料和地下土壤电阻率的分布，并做好记录。如图1-171所示；

（3）采用接地模块时，接地模块的顶部埋深不应小于0.6m，接地模块间距不应小于模块长度的3～5倍。如图1-172所示。接地模块埋设基坑，一般为模块外形尺寸的1.2～1.4倍，接地模块应垂直或水平就位，不应倾斜设置，保持与原土层接触良好。

（二）一般项目

1. 当设计无要求时，接地装置顶面埋设深度不应小于0.6m，如图1-173所示，且应在冻土层以下。圆钢、角钢、钢管、铜棒、铜管等接地极应垂直埋入地下，间距不应小于5m；人工接地体与建筑物的外墙或基础之间的水平距离不宜小于1m。

图1-171 人工接地体

图 1-172 接地模块水平就位与土壤接触良好　　　图 1-173 接地装置顶面埋深不小于 0.6m

2. 接地装置采用搭接焊，除埋设在混凝土中的焊接接头外，应做防腐处理，焊接搭接长度应符合下列规定：

（1）扁钢与扁钢搭接不应小于扁钢宽度的 2 倍，且应不少于三面施焊；

（2）圆钢与圆钢搭接不应小于圆钢直径的 6 倍，且应双面施焊；

（3）圆钢与扁钢搭接不应小于圆钢直径的 6 倍，且应双面施焊；

（4）扁钢与钢管，扁钢与角钢焊接，紧贴角钢外侧两面，或紧贴 3/4 钢管表面，上下两侧施焊。

3. 接地极为铜材与钢材连接时，铜与铜或铜与钢采用热剂焊接，接头应无气孔，且表面平滑。

十五、防雷引下线及接闪器安装

（一）主控项目

1. 接地干线应与接地装置可靠连接，如图 1-174 所示。

2. 防雷引下线的布置、安装数量和连接方式应符合设计要求，如图 1-175 所示。

图 1-174 接地干线与接地装置焊接且标识　　　图 1-175 引下线数量和连接方式符合设计

3. 接闪器与防雷下线必须采用焊接或卡接器连接，防雷引下线与接地装置必须采用焊接或螺栓连接。如图 1-176 所示。

4. 当利用建筑物金属屋面或屋顶上栏杆、设备基础等永久性金属构筑物做接闪器时，其材质及截面应符合设计要求，建筑物屋面永久性金属物各部件之间的连接应可靠、持久。如图 1-177、图 1-178 所示。

图 1-176　接闪器与防雷引下线焊接或机械连接

图 1-177　屋面栏杆做接闪器部件间连接可靠

图 1-178　屋面设备基础做接闪器部件间连接可靠

（二）一般项目

1. 暗敷在建筑物抹灰层内的引下线应用卡钉分段固定；明敷的接闪带应平直、无急弯，并应设置专用支架固定，接闪带焊接处应刷油漆防腐，且无遗漏。如图 1-179 所示。

2. 设计要求接地的幕墙金属框架和建筑物的金属门窗，应就近与防雷引下线可靠连接，如图 1-180、图 1-181 所示，连接处不同金属间应采用防电化学腐蚀措施。

3. 接闪线和接闪带安装尚应符合下列要求：

（1）安装平正顺直、无急弯，其固定支架应间距均匀、固定牢固。如图 1-182 所示；

图 1-179　明敷接闪带顺直并设置专用支架固定

图 1-180　幕墙金属框架与防雷引下线连接

图 1-181　屋面金属门窗与防雷引下线连接　　　图 1-182　接闪带安装顺直其支架间距均匀

（2）当设计无要求时，固定支架高度不宜小于 150mm，间距应符合表 1-17 的规定。如图 1-183 所示；

明敷引下线及接闪导体固定支架的间距（单位：mm）　　　　　　　表 1-17

布置方式	扁形导体固定支架间距	圆形导体固定支架间距
安装于水平面上的水平导体	500	1000
安装于垂直面上的水平导体		
安装于高于 20m 以上垂直面上的垂直导体		
安装于高于 20m 以下垂直面上的垂直导体	1000	1000

（3）每个固定支架应能承受 49N 的垂直拉力。

4. 接闪杆、接闪线或接闪带安装位置应正确，安装方式应符合设计要求，焊缝应饱满无遗漏，螺栓固定的应防松零件齐全，焊接面应防腐完好。如图 1-184 所示。

5. 接闪带或接闪网在通过建筑物伸缩缝、沉降缝处时应对跨接处做补偿措施，如图 1-185、图 1-186 所示。

十六、电动机、电动执行机构接线

图 1-183　支架高度 150mm 且间距 1000mm

（一）主控项目

电动机、电加热器及电动执行机构的外露可导电部分必须与保护接地导体（PE）可靠连接，如图 1-187、图 1-188 所示。

（二）一般项目

1. 电气设备安装应牢固，螺栓及防松零件齐全，不松动。防水防潮电气设备的接线入口及接线盒盖等处应做密封处理。如图 1-189 所示。

2. 可弯曲金属导管及柔性导管敷设应符合下列规定：

图 1-184 接闪杆安装位置与方式符合设计

图 1-185 接闪带经过建筑物伸缩缝做补偿措施

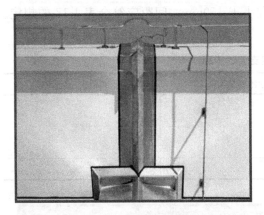

图 1-186 接闪带经过建筑物伸缩缝做补偿措施

图 1-187 电动机外露可导电外壳与
保护接地导体连接

图 1-188 可导电管道外壳间等电位联结

图 1-189 潮湿场所接线盒做密封处理

(1) 刚性导管经柔性导管与电气设备、器具连接时，柔性导管的长度在动力工程中不宜大于 0.8m，如图 1-190 所示。在照明工程中不宜大于 1.2m，如图 1-191 所示；

(2) 可弯曲金属导管或柔性导管与刚性导管或电气设备、器具间的连接采用专用接头，如图 1-192 所示；防液型可弯曲金属导管或柔性导管的连接处应密封良好，防液覆盖层应完整无损；

图 1-190　动力系统柔性导管长度不大于 0.8m

图 1-191　照明系统柔性导管长度不大于 1.2m

（3）当可弯曲金属导管有可能受重物压力或明显机械撞击时，应采取保护措施。如图 1-193 所示；

图 1-192　柔性导管与设备、接线盒专用接头

图 1-193　管卡距管弯头中央、管端距离小于 0.3m

（4）明配的金属、非金属柔性导管固定点间距应均匀，不应大于 1m，管卡与设备、器具、弯头中点、管端等边缘的距离应小于 0.3m；

（5）可弯曲金属导管和金属柔性导管不应做保护导体（PE）的接续导体，如图 1-194 所示。

十七、建筑物等电位联结

（一）主控项目

1. 需做等电位联结的外露可导电部分或外界可导电部分的连接应可靠。如图 1-195～图 1-197 所示。

2. 需做等电位联结的外漏可导电部分或外界可导电部分的连接采用焊接时，焊接搭接长度应符合下列规定：

图 1-194　金属柔性导管不能做保护接地导体

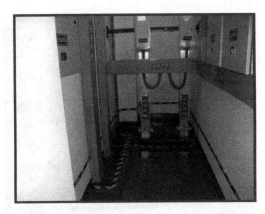

图 1-195　母线槽金属外壳外露可导电部分

图 1-196　风机管道金属外壳外露可导电部分

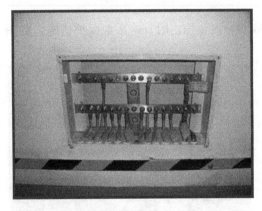

图 1-197　总等电位联结箱

（1）扁钢与扁钢搭接不应小于扁钢宽度的 2 倍，且应不少于三面施焊；

（2）圆钢与圆钢搭接不应小于圆钢直径的 6 倍，且应双面施焊；

（3）圆钢与扁钢搭接不应小于圆钢直径的 6 倍，且应双面施焊；

（4）扁钢与钢管，扁钢与角钢焊接，紧贴角钢外侧两面，或紧贴 3/4 钢管表面，上下两侧施焊。

3. 需做等电位联结的外漏可导电部分或外界可导电部分的连接采用螺栓搭接，搭接的钻孔直径和搭接长度应符合表 1-18 的规定，连接螺栓的力矩值应符合表 1-19 的规定，其螺栓、垫圈、螺母等位热镀锌制品，且连接牢固。

线螺栓搭接尺寸　　　　　　　　　　　　　　　　表 1-18

搭接形式	类别	序号	连接尺寸（mm）			钻孔要求		螺栓规格
			b_1	b_2	a	ϕ（mm）	个数	
直线连接	直线连接	1	125	125	b_1 或 b_2	21	4	M20
		2	100	100	b_1 或 b_2	17	4	M16
		3	80	80	b_1 或 b_2	13	4	M12
		4	63	63	b_1 或 b_2	11	4	M10
		5	50	50	b_1 或 b_2	9	4	M8
		6	45	45	b_1 或 b_2	9	4	M8
直线连接	直线连接	7	40	40	80	13	2	M12
		8	31.5	31.5	63	11	2	M10
		9	25	25	50	9	2	M8

搭接形式	类别	序号	连接尺寸（mm）			钻孔要求		螺栓规格
			b_1	b_2	a	ϕ（mm）	个数	
	垂直连接	10	125	125	—	21	4	M20
		11	125	100～80		17	4	M16
		12	125	63	—	13	4	M12
		13	100	100～80		17	4	M16
		14	80	80～63		13	4	M12
		15	63	63～50		11	4	M10
		16	50	50	—	9	4	M8
		17	45	45		9	4	M8
	垂直连接	18	25	50～40	—	17	2	M16
		19	100	63～40		17	2	M16
		20	80	63～40		15	2	M14
		21	63	50～40		13	2	M12
		22	50	45～40		11	2	M10
		23	63	31.5～25	—	11	2	M10
		24	50	31.5～25	—	9	2	M8
	垂直连接	25	125	31.5～25	60	11	2	M10
		26	100	31.5～25	50	9	2	M8
		27	80	31.5～25	50	9	2	M8
	垂直连接	28	40	40～31.5	—	13	1	M12
		29	40	25	—	11	1	M10
		30	31.5	31.5～25		11	1	M10
		31	25	22		9	1	M8

母线搭接螺栓的拧紧力矩   表 1-19

序号	螺栓规格	力矩值（N·m）
1	M8	8.8～10.8
2	M10	17.7～22.6
3	M12	31.4～39.2
4	M14	51.0～60.8
5	M16	78.5～98.1

序号	螺栓规格	力矩值（N·m）
6	M18	98.0～127.4
7	M20	156.9～196.2
8	M24	274.6～343.2

4. 搭接面的处理应执行下列规定：

（1）铜与铜：室外、高温且潮湿的室内，搭接面搪锡或镀银；干燥的室内，可不搪锡或镀银；

（2）铝与铝：可直接搭接；

（3）钢与钢：搭接面搪锡或镀锌；

（4）铜与铝：在干燥的室内，铜导体搭接面搪锡；在潮湿场所，铜导体搭接面搪锡或镀银，且采用铜铝过渡连接；

（5）钢与铜或铝：钢搭接面镀锌或搪锡。

（二）一般项目

1. 需做等电位联结的卫生间内金属部件或零件的外露可导电部分，应设置专用接地螺栓与等电位联结支线连接，并设有标识。如图1-198所示；连接处螺帽紧固、防松零件齐全。

2. 等电位联结线在地下暗敷时，其导体间的连接不得采用螺栓压接。如图1-199所示。

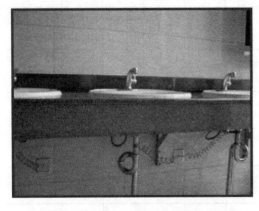 

图1-198　洗脸盆外露金属部件等电位联结　　图1-199　暗敷设等电位联结扁钢连接采用焊接

第二章　建筑电气工程施工资料管理相关知识

第一节　施工资料的管理要求

20 世纪 80 年代前，我国建设工程项目主要是由国家投资，建设单位、设计单位、施工单位均是国家基本建设投资计划的组织者、实施者和执行者，他们在建设工程项目的投资分析阶段、规划设计阶段和建设施工阶段共同对国家负责，建设单位与施工单位之间并不存在经济责任关系。所以，那个时期对建设工程项目资料的管理要求比较简单。20 世纪 80 年代后，我国经济体制发生重大变革，由计划经济向市场经济转变，建设单位、设计单位、监理单位和施工单位相继进入市场，他们之间的关系发生了根本性的变化，形成了以合同为纽带的经济合同关系。随着我国市场经济体制的不断完善，法律法规所赋予建设工程项目相关方的责任与义务会越来越明确与具体。

建设工程项目具有一次性投资大，建设管理周期长，涉及责任主体多的特点。因此，国家和行业颁布了一系列相关法律、法规和标准，在工程质量、造价、工期、安全、环保、节能等方面必须满足国家、行业和建设工程项目所在地区的要求，施工单位应履行自己应尽的社会责任，同时还要确保自己的合法权益不受侵犯。

一、施工技术资料管理目标

施工档案资料的管理是企业技术经济管理工作的内容之一，单位工程从施工准备开始，直到工程交工验收的全过程，都必须建立和管理好工程档案。项目经理部成立后，建立健全项目经理部施工资料管理架构，内容逐一分解落实到项目经理部有关技术人员，从而形成施工资料管理的完整体系。

1. 工程施工准备阶段资料管理目标

（1）工程前期法定建设程序文件的完善；

（2）根据工程的工艺特点及顺序确定需编制的工程资料的目录大纲；

（3）根据施工进度计划确定人员、设备及材料的进场报验时间及批次，并由此确定相关的安全资料的编制大纲；

（4）根据工程资料的目录大纲及安全资料的编制大纲做好各专项工程施工方案的收集汇总工作，各工种、工序安全和技术交底资料的收集汇总工作。

2. 工程的施工阶段资料管理目标

在此阶段主要是施工过程质量（技术）管理/质量控制资料的完善，具体的目标是根据工程的实际施工进度收集汇总：

（1）各分部（分项）工程的试（检）验报告；

（2）施工日记及时并如实地填写；

（3）施工过程中发生的重大事件的真实记录；

（4）施工过程中各方往来资料的收集汇总和反馈；

（5）工人的安全教育记录；

（6）有关工程施工的会议记录；

（7）有关工程施工的影像记录；

（8）有关工程隐蔽资料的记录；

（9）有关进度提前（或延期）的资料记录；

（10）有关工程款拨付记录；

（11）有关工程量增减记录；

（12）有关安全文明施工的各项记录。

3. 工程竣工阶段资料管理目标

整理完善工程资料，对已完善的资料做好分类、归档工作。

二、施工技术资料管理职责

（一）施工资料收集

1. 施工资料应真实反映机电安装工程质量的实际情况，并与施工进度同步形成、收集、整理、归档。

2. 施工资料应字迹清晰，相关人员及单位的签字盖章齐全。

3. 施工资料严禁因故更换或伪造，建设各方应确保各自资料的真实有效、完整齐全。

4. 需对施工资料的文字、内容进行修改时，应对前后更换资料做必要的记录，禁止使用粘贴、涂抹或用涂改液覆盖等方式修改。

5. 施工资料应使用原件。当使用复印件时，应加盖资料提供单位的公章，复印人、复印时间签字确认。

6. 工程建设各方应及时对已完工部位报验的施工资料进行签字确认，保证施工资料与施工进度同步形成。

7. 建设单位应对工程档案资料的编制、套数和移交期限等提出明确要求并签订合同或协议。

8. 建设单位应负责工程竣工图的绘制工作，可委托施工单位、监理单位、咨询单位或设计单位完成。

9. 建设单位应在工程竣工验收后六个月内，依法将归档资料移交城建档案馆。

10. 由建设单位采购供应的建筑材料、设备，建设单位应提供所供物资的质量证明文件，并满足设计及合同的质量要求。

11. 施工资料应实行分级、各负其责的管理原则，参与工程建设的有关各方应各自对本单位填写的施工资料负责，并保证施工资料的内容具有可追溯性。

由建设方直接发包的专业施工工程经监理单位验收合格后，施工资料交建设方归档保存；经总包单位发包的专业施工工程，专业承包单位应按要求收集和整理后移交总包单位，总包单位负责分包单位全部施工资料的分类、整理和归档工作。

12. 施工资料的收集、整理应设专人负责，并按规定取得相应的上岗资格。

13. 工程建设各方应将施工资料的形成、收集、归档和移交等工作，纳入项目技术管理的全过程。

（二）施工资料归档

1. 对与工程建设有关的重要活动事项、记载主要施工过程并具有保存价值的各种载体的文件，均应收集齐全，整理立卷后归档。

2. 工程文件的具体归档范围应符合《建设工程文件归档整理规范》GB/T 50328 的要求。

3. 归档的工程文件应为原件，内容必须真实、可靠，与工程实际相符合。

4. 工程文件的内容及其深度必须符合国家有关工程勘察、设计、施工、监理等方面的技术规范要求。

5. 专业承包单位应向总承包单位（或建设单位）移交不少于一套完整的施工档案资料，并办理移交手续。

6. 监理单位、施工单位应各自向建设单位移交不少于一套完整的施工档案资料，并办理移交手续。

7. 监理单位、施工单位应根据有关规定合理确定施工档案资料的保存期限。

8. 建设单位工程档案的保存期限应与工程使用年限相同。

（三）施工资料移交

1. 工程参建各方应将各自的工程资料案卷归档保存。

2. 监理单位、施工单位应根据有关规定合理确定工程资料案卷的保存期限。

3. 建设单位工程资料案卷的保存期限应与工程使用年限相同。

4. 依法列入城建档案馆保存的工程档案资料，建设单位在工程竣工验收前应组织有关各方，提请城建档案管理部门对归档保存的工程资料进行预验收，并办理相关验收手续。

5. 国家和北京市重点工程及 5 万 m² 以上的大型公共建筑，建设单位应将列入城建档案馆保存的工程档案资料制作成缩微胶片，提交城建档案管理部门保存。

6. 依法列入城建档案馆保存的工程档案资料，经城建档案管理部门预验收合格，建设单位应在工程竣工验收通过后六个月内将工程档案资料案卷或缩微胶片交由城建档案馆保存，并办理相关手续。

三、施工技术资料的管理措施

（一）重视施工资料管理工作

工程建设中普遍存在着对施工资料管理工作不太重视的情况，到工程项目完工即将交工验收时，才开始应付整理，这给资料整理带来很大难度。其主要原因在于工程建设管理过程中，项目经理部对施工资料在思想上重视程度不够。由于施工资料整理琐碎，各专业技术人员大部分精力集中在工地，对施工资料的日常整理工作一般都处于比较被动的地位。

（二）工程开工前的准备工作

1. 熟悉施工图纸。工程开工前的技术准备工作是最重要的，首先熟悉施工图设计、设计说明，从事不同专业工作的技术人员从不同的角度去熟悉各专业施工图，抓住重点，发现问题，将影响工程质量的技术问题解决在开工前；

2. 填写和准备工程开工必备的资料。编写施工组织设计、专项施工方案、分项工程技术交底、工程技术文件报审表，资料编写并优化完毕后，找相关单位办理签字、盖章、审核的手续。

（三）工程开工后应着手的工作

1. 原材料送检。开工时原材料应送质监站委托的检测中心检验，取现场有代表性的土样送检、试验。送检应注意严把质量关，检测合格的材料方可使用；

2. 同时注意收集过程资料。将施工单位负责进行过程质量控制检查、检验形成的施工管理资料、施工技术资料、施工测量资料、施工物资资料、施工记录资料、施工试验资料、施工过程资料和竣工质量验收资料伴随施工进度及时收集和归档。

（四）开工竣工验收应着手的工作

1. 汇总资料。检查报验资料中有无报漏、书写错误等情况，将所有工序评定表的点数汇总并计算填写工序质量评定汇总表、部位质量评定表、单位工程质量评定表，所有工序、部位和单位工程的合格率都在这三种表格中反映，完成后需监理单位（或建设单位）签字、盖章。将所有施工技术、质量保证、评定资料和竣工图按城建档案馆要求，整理、汇总交付所在地的城建档案馆；

2. 复印装订。以施工合同条款为依据，复印建设单位、监理单位、设计单位所需施工资料的套数，并装订成册；

3. 竣工图的编制要求。竣工图应画出所有变更内容，如实反映竣工后的现状，设备变更位置也须标注，完成后加盖竣工图章，办理移交签字手续。

四、施工技术资料的管理职责

根据国家规定，参与工程建设、勘察、设计、监理和施工等单位均负有工程资料管理的责任，这种责任是上述各方在工程建设过程中的一项重要职责，我们把这种职责称为工程资料管理职责。这些管理职责对参与建设各方来说，有些是共同的、各方一致的，有些是参与建设某一方所特有的。参建各方应当认真履行通用职责和自己的职责。

（一）参与建设各方对工程资料管理的基本职责

1. 工程资料的形成应符合国家相关的法规、技术标准、工程合同和设计文件等的规定；

2. 工程各参建单位应将工程资料的形成和积累应纳入工程建设管理的各个环节和全过程，建设、监理、施工单位应各自负责本单位工程资料的全过程管理工作，并应明确有关人员的职责；

3. 工程资料应随工程进度同步收集、整理。资料组卷与资料份数应符合合同条款的规定并满足实际需要；

4. 建设过程中工程资料的收集、整理和审核工作应有专人负责，该人应按规定取得相应的岗位资格；

5. 工程各参建单位应确保各自所形成的文件真实、有效、完整和齐全。严禁对工程资料进行涂改、伪造、随意替换或损毁、丢失。否则应按有关法规予以处罚，情节严重的，应依法追究法律责任。

重要工程资料应保持其页码、内容的连续性，不准随意撕扯，抽撤或更换。资料的原始记录应为真实反映施工现场的实际情况，不准再次抄录。所有二次抄录的文字，数据均不得列为原始记录。工程资料中出现笔误或需要修正的文字、数据时，应采取"杠改"的方式修改，"杠改"后应保持被更改部分清晰可辨，并必须在修改位置处由修改人本人签名承担责任。必要时，还应以适当方式注明或说明更改原因。

当需要某种资料但无法取得原件时，可以采用"有效复印件"代替。"有效复印件"指使用原件复印、内容与原件相同、可以清晰辨认、加盖原件存放单位公章、有相关经手人签字并注明原件存放处的复印件。

（二）建设单位对工程资料的管理职责

1. 应负责基建文件的管理工作，并设专人对基建文件进行收集、整理和归档；

2. 在工程招标及参建各方签订合同或协议时，应对工程资料和工程档案的编制责任、套数、费用、质量和移交期限等提出明确要求；

3. 必须向参与工程建设的勘察、设计、施工、监理等单位提供与建设工程有关的施工资料；

4. 由建设单位采购的建筑材料、构配件和设备，建设单位应保证建筑材料、构配件和设备符合设计文件和合同要求，并保证相关物质文件的完整、真实和有效；

5. 应负责监督和检查各参建单位工程资料的形成、积累和立卷工作，也可委托监理单位检查工程资料的形成、积累和立卷工作；

6. 对须建设单位签认的工程资料应签署意见；

7. 应负责收集和汇总勘察、设计、监理和施工等单位立卷归档的工作档案；

8. 应负责组织竣工图的绘制工作，也可委托施工单位、监理单位或设计单位，并按相关文件规定承担费用；

9. 列入城建档案馆接收范围的工程档案，建设单位应在组织工程竣工验收前，提请城建档案馆对工程档案进行预验收，未取得工程档案预验收认可文件的不得组织工程竣工验收；

10. 建设单位应在工程竣工验收后 3 个月内将工程档案移交城建档案馆。

（三）勘察、设计单位对工程资料的管理职责

1. 应按合同和规范要求提供勘察、设计文件，包括工程洽商和变更；

2. 对须由勘察、设计单位签认的工程资料，应及时签署意见；

3. 应按照有关规定出具代表本方意见的竣工验收工程质量检查报告。

（四）监理单位对工程资料的管理职责

1. 应负责监理资料的管理工作，并设专人对监理资料进行收集、整理和归档；

2. 应按照合同约定，在勘察、设计阶段，对勘察、设计文件的形成、积累、组卷和归档进行监督、检查；在施工阶段，应对施工资料的形成、积累、组卷和归档进行监督、检查，使工程资料的完整性、准确性符合有关要求；

3. 对须由监理单位出具或签认的工程资料，应及时出具签认；

4. 列入城建档案馆接收范围的监理资料，监理单位应在工程竣工验收后 2 个月内移交建设单位。

（五）施工单位对工程资料的管理职责

1. 应负责施工资料的管理工作，实行技术负责人负责制，逐级建立、健全施工资料

管理岗位责任制；

2.应负责汇总各分包单位编制的施工资料，分包单位应负责其分包范围内施工资料的收集和整理，并对施工资料的真实性、完整性和有效性负责；

3.应在工程竣工验收前，将工程的施工资料整理，汇总完成；

4.应负责编制两套施工资料，其中移交建设单位一套，自行保存一套。

（六）城建档案馆对工程资料的管理职责

城建档案馆是长期保存工程资料的专业机构，它不属于参与工程建设的一方主体，但是担负对工程资料重要的管理职责，具体如下：

1.应负责接收、收集、保管和利用城建档案的日常管理工作；

2.应负责对城建档案的编制、整理、归档工作进行监督、检查、指导，对国家和城市内重点、大型工程项目的工程档案编制、整理、归档工作应指派专业人员进行指导；

3.在工程竣工验收前，应对列入城建档案馆接收范围的工程档案进行预验收，并出具《建设工程竣工档案预验收意见》。

第二节　施工资料的编制要求

施工资料在工程开始时，就要注重资料的收集、整理、组卷、编目、装订、归档的工作。必须严格前期的策划与管理工作才能达到高质量的施工资料。施工资料的整理应严格执行《建筑工程施工质量验收统一标准》GB 50300、《建筑电气工程施工质量验收规范》GB 50303、《建设工程文件归档规范》GB/T 50328、《建筑工程资料管理规程》JGJ/T 185、行业资料管理标准和地方资料管理规程。

一、施工资料编制要求

（一）施工资料的真实性

1.施工过程资料真实性要求

施工资料是施工过程中的真实记录或记载，资料内容应真实、完整，能够全面地反映当时的真实情况，为竣工后的运转、维修、保养、改造或拆除提供方便。特别是对于隐蔽、强度试验、严密性试验、绝缘测试、焊缝无损检测等，直接关系到系统或设备的平稳运行、安全保障，必须保证记录资料真实。

2.施工技术资料的真实性要求

施工技术资料主要有施工组织设计、专项施工方案、作业指导书、焊接工艺评定等，这些资料都由施工单位编制，经建设单位、监理单位审核、批准后，用以组织、指导施工作业的文件，如果文件与工程实际或施工方的管理、技术要求不符，就不能起到组织和指导作用，失去其作用。

（二）施工资料的有效性

1.施工资料时效性要求

无论是技术性资料还是过程资料，在时效上都有具体的要求，技术资料必须在正式施工作业前制定，过程资料应在完成某项作业过程后才能实现，否则就是弄虚作假，失去其意义。同时对于过程资料中的记录时间，一定要把握好逻辑关系，不能存在相互矛盾，例如管道的隐蔽记录必须是在强度试验完成后才能实现；空调系统的调试记录应在系统投运后才能够实现。

2. 施工资料签认的有效性

无论是技术资料还是过程资料，都涉及有关责任单位和相关责任人员的盖章和签字，有效的资料应是签章完整的。作业过程的记录签字程序如下：作业人员（或质量检查员）→项目经理部专业负责人（或总工程师）→监理工程师（总监理工程师）→建设单位专业负责人（总负责人）；签章程序如下：项目经理部印章 →施工单位公章 →监理单位项目经理部印章（监理单位公章）→建设单位公章。以上程序一般不宜打乱，更不能由别人代签或乱签，这涉及承担责任的问题，特别是建筑工程实行终身责任制后，更涉及法律责任，必须引起高度的重视。

（三）施工资料的准确性

1. 施工资料引用标准的准确性

无论是技术资料还是过程资料，如果需要引用规范或标准，必须是与工程相关联的，而且是有效的，决不能引用已经废止的。特别是在施工过程资料记录中引用时，尽可能地将引用规范、标准的名称、编号写全，并将延伸到某条某款，使其更具有针对性、更具有实用性。

2. 施工资料记录的完整性

施工过程资料中的数据、计量单位、文字叙述、结论等必须准确可靠，经得起推敲和追溯，如需要更详细说明的应附有示意图加以说明。如隐蔽记录往往需要有附图、压力管道竣工资料需要附管线单线图等。特别是一些数据一定要经得起推敲，例如在检验批记录中，往往出现一些不合理的数据，使其可信度降低。

（四）施工资料的追溯性

1. 相关资料的一致性

施工记录是对施工过程中的某个阶段或某个过程的作业结果真实记载，所以相关联的记录中的应保持一致，不能相互矛盾，应相互对应，逻辑严谨，层次分明。例如材料、设备进场报验记录与材料、设备所携带的出厂产品技术文件的名称、规格、型号等应一致；隐蔽工程记录隐蔽的部位，应与施工图纸以及竣工图所标注的位置保持一致；检验批所验证的部位与施工过程资料所处的部位应保持一致。

2. 满足资料的可追溯性

施工记录就是工程项目的原始档案，所以任何施工记录资料都要具有可追溯性，要真实的反映当时所处的状态，而且这种状态的记载是可靠的、唯一的，并且与其他关联记载保持相符。例如施工过程资料记录的时间、内容，应与施工日记填写的时间、关键施工工序、施工质量评定记录要保持一致。

二、施工资料的载体形式

1. 纸质载体

是以纸张为基础，在实际工作中应用最多和最普遍的一种载体形式。

2. 缩微品载体

是以胶片为基础，利用微缩技术对工程资料进行收集、保存的一种载体。

3. 磁性载体

是以磁带、磁盘等磁性记忆材料为基础，对实际工程的各种活动声音、图像以及电子文件、资料等进行收集、保存的一种载体形式。

4. 光盘载体

是以光盘为基础，利用现代计算机技术对实际工程的各种活动声音、图像以及电子文件、资料进行收集、存储的一种载体形式。

由于缩微品载体和磁性载体资料的耐久性不如光盘载体，因此纸质载体、光盘载体的资料都是文件、资料档案保存的主要形式。然而，无论是哪种载体形式的工程资料，都是在工程建设的实际工作过程中形成、收集和整理而成的。

三、施工资料组卷要求

1. 组卷应遵循工程文件资料的形成规律，保证卷内文件资料的内在联系，便于文件资料保管和利用；

2. 基建文件和监理资料可按一个项目或一个单位工程进行整理和组卷；

3. 施工资料应按单位工程进行组卷，可根据工程大小及资料的多少等具体情况选择按专业或按分部、分项等进行整理和组卷；

4. 施工资料管理过程中形成的分项目录应与其对应的施工资料一起组卷。

5. 竣工图应按设计单位提供的各专业施工图序列组卷；

6. 工程资料可根据资料数量多少组成一卷或多卷；

7. 专业承包单位的工程资料应单独组卷；

8. 工程系统节能检测资料应单独组卷。

四、施工资料编目要求

工程资料编目按三级编目编制，应有总目录、卷（盒）目录、册目录或分目录，做到层次清楚，内容准确、真实、齐全、有效且具备可追溯性。

（一）总目录的编制

1. 评优工程资料按不同的评优奖项具体要求检查的内容单独组成一卷（一般作为总目录的第一项）。

2. 总目录的编制一般按单位工程或子单位（单体）中各分部（或子分部）工程内容进行编目。

3. 以独立卷为单位进行编目排号。

4. 评优工程资料总目录编制内容遵循如下顺序原则：

（1）不同评优奖项要求的特定基础资料；

（2）工程建设前期法定建设程序文件；

（3）工程项目建设综合管理资料；

（4）工程质量控制技术资料（按工程实施的顺序、各分部或子分部验收的顺序编目）；

（5）工程验收及备案文件；

（6）竣工图。

（二）卷内目录的编制：

1. 卷内目录排列在卷内文件首页之前；

2. 以一份文件为单位，用阿拉伯数字从 1 依次标注；

3. 责任者：填写文件的直接形成单位，有多个责任者时，选择一个主要责任者，其余采用"等"代替；

4. 文件编号：填写文件的文号或图号；

5. 日期：填写文件形成的日期或起止日期（竣工图填写竣工图章上的日期）；

6. 页次：填写文件在卷内所排的起始页号，最后一份文件填写起止页号；

7. 卷内备考表的编制：

（1）卷内备考表建议在卷内文件尾页后排列；

（2）卷内备考表主要标明卷内文件的总页数、各类文件页数（照片张数），以及立卷单位对案卷情况的说明。

（三）册目录或分目录的编制

1. 案卷内文件材料均以有书写内容的页面编写页号。凡是有文字和图表（包括原图目录）的卷内文件材料，均需编写页号。案卷封面、卷内目录（不包括原图纸目录）、卷内备考表不编写页号；

2. 文字材料及图纸在每页的右下角编写页号，背面在左下角编号，图样页号编写在标题栏外；

3. 成套图纸或印刷成册的文件材料，自成一卷的，原目录可代替卷内目录，不必重新编写页号；与其他科技文件材料组成一卷的，应排在卷内文件材料的最后，将其作为一份文件（"页数"作为"1 页"）填写卷内目录，不必重新编写页号，可在备注中注明总页数；

4. 照片编号编排在背面右下角，底片号应用铁笔横排列刻在胶片乳剂面处。

（四）资料装订要求

1. 文字材料必须装订成册，图纸材料可散装存放；

2. 装订时要剔除金属物，装订线一侧根据案卷薄厚加垫草纸板；

3. 案卷用棉线在左侧三孔装订，棉线装订结打在背面。装订线距左侧 20mm，上下两孔分别距中孔 80mm；

4. 装订时，须将封面、目录、备考表、封底与案卷一起装订。图纸散装在卷盒内时，需将案卷封面、目录、备考表三件用棉线在左上角装订在一起。

（五）资料归档要求

1. 对与工程建设有关的重要活动、记载工程建设主要过程和现状、具有保存价值的各种载体的文件，均应收集齐全，整理立卷后归档；

2. 工程文件的具体归档范围应符合《建设工程文件归档规范》GB/T 50328—2014 附录 A 的要求；

3. 归档的工程文件应为原件，内容必须真实、准确，与工程实际相符合；

4. 工程文件的内容及其深度必须符合国家有关工程勘察、设计、施工、监理等方面的技术规范、标准和规程；

5. 专业承包单位应向总承包单位（或建设单位）移交不少于一套完整的工程档案，并办理相关移交手续；

6. 监理单位、施工总承包单位应各自向建设单位移交不少于一套完整的工程档案，并办理相关的移交手续；

7. 建设单位应在工程竣工验收合格后六个月内，将城建档案馆预验收合格的工程档案移交城建档案馆，并办理相关手续；

8. 国家或省市重点工程及五万平方米以上的大型公建工程，建设单位应将列入城建档案馆保存的工程档案制作成缩微胶片，移交城建档案馆；

9. 监理单位、施工单位应根据有关规定合理确定工程档案的保存期限；

10. 建设单位工程档案的保存期限应与工程使用年限相同。

第三节　施工资料的主要内容

一、施工资料的主要内容

施工资料内容可分为施工管理资料、施工技术资料、施工测量资料、施工物资资料、施工试验资料、施工过程质量验收资料和工程竣工验收资料。

（一）施工管理资料

1. 施工管理资料是在施工过程中形成的反映施工组织及监督审批等情况资料的统称。主要内容有：施工现场质量管理检查记录、施工过程中报送监理单位审批的各种报验报审表、施工试验计划、有见证试验汇总表及施工日志、资料分项目录表等；

2. 施工现场质量管理检查记录主要反映工程项目管理部现场各项管理制度及质量责任是否建立健全；施工技术文件及相关标准是否齐全；施工人员资格是否具备等。施工现场质量管理检查记录应由施工单位填写报送项目总监理工程师（或建设单位项目负责人）审查，并做出结论；

3. 单位工程施工前，施工单位应科学、合理地编制施工试验计划并报送监理单位；监理单位应根据施工单位的试验计划编制见证取样计划；

4. 工程施工结束后，施工单位应按规定对实行有见证试验的项目进行统计汇总并填写有见证试验汇总表；

5. 施工日志应以单位工程为记载对象，从工程开工起至工程竣工止，按专业指定专人负责逐日记载，并保证内容真实、连续和完整；

6. 同专业、同类别、同性质的资料应建立分项资料目录；同表格、同检查项目的资料应建立分项资料目录；

7. 分项资料目录分为通用分项目录和专用分项目录，通用分目录适用于见证记录、设计变更、洽商记录、分项技术交底、施工测量记录、施工记录、质量验收记录等。

（二）施工技术资料

1. 施工技术资料是在施工过程中形成的，用以指导正确、规范、科学施工的技术文件及反映工程变更情况的各种资料的总称。主要内容有：施工组织设计、专项施工方案、技术交底记录、图纸会审记录、设计变更通知单、设计变更通知单等；

2. 施工组织设计由施工单位编制完成，并经企业技术负责人审批后，由施工单位填写工程技术文件报审表，报送监理单位批准，方可组织实施；

3. 施工方案编制内容应齐全有针对性，可根据工程规模大小、技术复杂程度、施工重点部位及施工季节变化等情况分别编制。施工方案应经项目部技术负责人或公司技术部门负责人审批，填写工程技术文件报审表，报送监理单位批准实施；

4. 施工单位的各级技术负责人及专业工长应根据各自的职责分别组织开展施工组织设计、专项施工方案、分项工程施工方案、"四新"（新材料、新设备、新技术、新工艺）技术应用和设计变更技术的交底，各项交底应有文字记录并有交底双方的签字；

5. 图纸会审应由建设单位组织，设计单位、监理单位和施工单位技术负责人及有关人员参加。设计单位对各专业问题进行交底，施工单位负责将设计交底内容按专业汇总、整理形成图纸会审记录，有关各方签字确认。

（三）施工测量资料

1. 施工测量资料是在施工过程中形成的确保建筑工程定位、尺寸、标高、位置和沉降量等满足设计要求和规范规定的各种测量记录的统称。主要内容有：工程定位测量记录、基槽验线记录、楼层平面放线记录、楼层标高抄测记录、建筑物垂直度及标高测量记录、沉降观测记录等；

2. 施工单位应依据测绘部门提供的放线成果、红线桩及场地控制网（或建筑物控制网），测定建筑物位置、尺寸、主控轴线及建筑物±0.000绝对高程，并填写工程定位测量记录报送监理单位审核；

3. 施工单位在基础工程正式施工前应依据主控轴线和基底平面图，对建筑物基底外轮廓线、集水坑、电梯井坑、垫层标高（高程）、基槽断面尺寸和坡度等进行复验并填写《基槽验线记录》报监理单位审核。

（四）施工物资资料

1. 施工物资资料是反映工程施工所用物资质量和性能指标是否满足设计和使用要求的各种质量证明文件及相关配套文件的统称。主要内容有：各种质量证明文件、材料及构配件进场检验记录、设备开箱检验记录、设备及管道附件试验记录、各种材料的进场复试报告、设备安装使用说明书等。

2. 建筑工程所使用的涉及工程质量、使用功能、人身健康和安全的各种主要物资应有质量证明文件。

3. 产品（质量）合格证、产品型式检验报告、材料或产品性能检测报告、产品生产许可证、商检证明（需有条文说明）、中国强制认证（CCC）证书、计量设备检定证书等均属产品质量证明文件；

中国强制认证（China Compulsory Certification）缩写为CCC，CCC认证的标志为"CCC"，是国家认证认可监督管理委员会根据《强制性产品认证管理规定》（中华人民共和国国家质量监督检验检疫总局令第5号）制定的。

4. 涉及消防、电力、卫生、环保等有关物资，须经行政管理部门认可，并具有相应的认证证书，且认证在有效期内。

5. 进口材料和设备应有商检证明、中文安装使用说明书及性能检测报告。

6. 国家规定需要强制认证的各种物资应有"CCC"标志及认证证书，认证证书应在有效期内。

7. 施工物资进场后施工单位应对进场物资数量、型号规格和外观等进行检查，并填写材料及构配件进场检验记录或设备开箱检验记录。

8. 施工单位应按国家有关规范、标准的规定对进场物资进行复试或试验，没有专用试验表格的可用材料通用试验表格；规范、标准要求实行见证时，应按规定进行有见证取样和送检。

9. 施工物资进场后施工单位应按规定填写施工物资进场报验表报送监理单位验收。

（五）施工记录资料

1. 施工记录资料是施工单位在施工过程中形成的，为保工程质量和安全的各种内部检查记录的统称。主要内容有：隐蔽工程验收记录、交接检查记录、进场验收记录、施工检查记录、单机试运行记录、联合试运行记录、系统试运行记录等；

2. 凡国家标准规定隐蔽工程检查的项目应做隐蔽工程检查并填写隐蔽工程检查验收记录，涉及结构安全的重要部位应留有影像资料；

3. 分项工程检验批未能包含的涉及结构安全及使用功能的，在混凝土浇注后难以修正的项目，应进行隐蔽工程检查并填写隐蔽工程验收记录；

4. 同一单位（子单位）工程，不同专业施工单位之间应进行工程交接检查并填写交接检查记录。移交单位、接收单位共同对移交工程进行验收，并对质量情况、遗留问题、工序要求、注意事项、成品保护等进行记录；

5. 混凝土正式浇筑前，施工单位应检查各项准备工作（如钢筋、模板、水电预埋预留、设备材料准备情况等），自检合格填写混凝土浇灌申请书，并报送监理单位；

6. 按照规范和工艺文件等规定须烘焙的焊接材料应进行烘焙，并填写焊接材料烘焙记录表；

7. 工程施工需要对新的施工工艺或工程特定部位的施工进行记录时，可用施工检查通用记录表。

（六）施工试验资料

1. 施工试验资料是为保证工程质量和使用功能，按照设计和规范规定的要求，在施工过程中所进行的各种试验资料的统称。主要内容有：给水排水及采暖工程、通风与空调工程、建筑电气工程、智能建筑工程各系统运转试验等。

2. 给水系统设备、热水系统设备、排水系统设备、消防系统设备、采暖系统设备、水处理系统设备，以及通风与空调系统的各类水泵、风机、冷水机组、冷却塔、空调机组、新风机组等设备在安装完毕后，应有单机试运转记录。

3. 采暖系统、水处理系统、通风系统、制冷系统、净化空调系统等应有系统试运转及调试记录。

4. 建筑电气工程中的主要设备、系统的防雷接地、保护接地、工作接地、防静电接地以及设计有要求的接地电阻应有电阻测试记录，并应附接地装置隐检与平面布置示意图表，并加以说明。

5. 建筑工程中的主要电气设备和动力、照明线路及其他必须摇测绝缘电阻，配管及管内穿线分项质量验收前和单位工程质量竣工验收前，应分别按系统回路进行测试。

6. 电气器具安装完成后，按层、按部位（户）进行的通电检查，并进行记录，内容包括接线情况、电气器具开关情况等。电气器具应全数进行通电安全检查。

7. 电气设备应有空载试运行记录，成套配电（控制）柜、台、箱、盘的运行电压、电流应正常，各种仪表指示正常。

电动机应试通电，检查转向和机械转动有无异常情况；可空载试运行的电动机，时间一般为 2h，记录空载电流，且检查机身和轴承的温升。交流电动机空载可启动次数及间隔时间应符合产品技术条件的要求；无要求时，连续启动 2 次的时间间隔不应少于 5min，再次启动应在电动机冷却至常温下。空载状态运行，应记录电流、电压、温度、运行时间等有关数据，且应符合建筑设备或工艺装置的空载状态运行的要求。电动执行机构的动作方向及指示应与工艺装置的设计要求保持一致。

8. 建筑物照明应有通电试运行记录。公用建筑照明系统通电连续试运行时间为 24h，民用住宅照明系统通电连续试运行时间为 8h。所有照明灯具均应开启，且每 2h 记录运行状态 1 次，连续试运行时间内无故障。

9. 漏电开关应有模拟试验记录，动力和照明工程的漏电保护装置应全数做模拟动作试验，并符合设计要求的额定值。

10. 大容量（630A 及以上）导线、母线连接处或开关，在设计计算负荷运行情况下应做温度抽测记录，温升值稳定且不大于设计值。

11. 应急电源装置安装完毕后应做全数测试试验记录，并应符合设计要求和《逆变应急电源》GB/T 21225 的规定。

12. 接闪带的每个支持件应做垂直拉力试验，支持件的承受垂直拉力应大于 49N（5kg）。

13. 建筑电气工程安装完毕后应对低压配电系统进行调试，调试合格后应对低压配电电源质量进行测试，应符合设计要求和《建筑节能工程施工质量验收规范》GB 50411 的规定。

14. 机电安装工程安装完毕后各系统进行联合调试时，应全数检查监测与控制节能工程的设备是否齐全，使用功能是否达到设计要求和《建筑节能工程施工质量验收规范》GB 50411 的规定。

15. 建筑物照明系统通电试运行应测试室内照度和功率密度值，测试数据是否达到设计要求和《建筑节能工程施工质量验收规范》GB 50411 的规定。

16. 柴油发电机组安装完毕后应全数做测试试验，并应符合设计要求和国家规范相应的规定。

17. 国家规范中有要求的各种施工试验必须有其施工试验报告，没有专用试验报告表格的可使用通用试验表格。

（七）施工过程质量验收资料

1. 检验批名称及编号

（1）检验批名称：按《建筑电气工程施工质量验收规范》GB 50303 给定的检验批名称，选择相应的检验批质量验收记录表进行填写；

（2）检验批编号：检验批编号按《建筑工程施工质量验收统一标准》GB 50300—2013 附录 B "建筑工程的分部工程、分项工程划分" 规定的分部工程、子分部工程、分项工程的代码、检验批代码（依据专业验收规范）和资料顺序号统一为 11 位数的数码编号，写在表的右上角，前八位数字均印在表上，后留下划线空格，检查验收时填写检验批的顺序号。其编号规则具体说明如下：

1）第 1、2 位数字是分部工程的代码；

2）第 3、4 位数字是子分部工程的代码；

3）第 5、6 位数字是分项工程的代码；

4）第 7、8 位数字是检验批的代码；

5）第 9、10、11 位数字是各检验批验收的顺序号。

同一检验批表格适用于不同分部、子分部、分项工程时，表格分别编号，填表时按实际类别填写顺序号加以区别，编号按分部、子分部、分项、检验批序号的顺序排列。

2. 表头的填写

（1）单位（子单位）工程名称填写全称，如为群体工程，则按群体工程名称—单位工程名称形式填写，子单位工程标出该部分的位置。

（2）分部（子分部）工程名称按《建筑工程施工质量验收统一标准》划定的分部（子分部）名称填写。

（3）分项工程名称：按检验批所属分项工程名称填写，分项工程名称按《建筑工程施工质量验收统一标准》GB 50300—2013 附录 B 规定。

（4）施工单位及项目负责人："施工单位"栏应填写总包单位名称，或与建设单位签订合同专业承包单位名称，宜写全称，并与合同上公章名称一致，并应注意各表格填写的名称应互相一致。

"项目负责人"栏填写合同中指定的项目负责人名称，表头中人名由填表人填写即可，不用签字，打印机打印即可。

（5）分包单位及分包单位项目负责人："分包单位"栏应填写总包分包单位名称，即与施工单位签订合同的专业分包单位名称，宜写全称，并与合同上公章名称一致，并应注意各表格填写的名称应互相一致。

"分包单位项目负责人"栏填写合同中指定的项目负责人名称，表头中人名由填表人填写即可，不用签字，打印机打印即可。

（6）检验批容量：指本检验批的工程量，按工程实际填写，计量项目和单位按专业验收规范中对检验批容量的规定。

（7）检验批部位是指一个分项工程中验收的那个检验批的抽样范围，要按实际情况标注清楚。

（8）"施工依据"栏，应填写施工执行标准的名称及编号，可以填写所采用的企业标准、地方标准、行业标准或国家标准。

要将标准名称及编号填写齐全，可以是施工标准、工艺规程、施工工法、施工方案等技术文件。

（9）"验收依据"栏，填写验收依据的标准名称及编号。

3. "验收项目"的填写

"验收项目"栏制表时按 4 种情况印制：

（1）直接写入：当规范条文文字较少，或条文本身就是表格时，按规范条文写入；

（2）简化描述：将质量验收要求作简捷描述，作为检查内容；

（3）分主控项目和一般项目；

（4）按技术文件条文顺序排序。

4. "设计要求及规范规定"栏填写

(1) 直接写入：当条文中质量要求的内容文字较少时，直接明确写入；

(2) 写入条文号：当文字较多时，只将条文号写入；

(3) 写入允许偏差：对定量内容有要求的，将允许偏差值直接写入。

5. "最小/实际抽样数量"栏的填写

(1) 对于材料，设备及工程试验类规范条文，非抽样项目，可以直接写入"/"；

(2) 对于抽样项目但样本为总体时，写入"全/实际数量"，例如"全/10""10"指本检验批实际包括样本总量；

(3) 对于抽样项目且按工程量抽样时，写入"最小/实际抽样数量"例如"5/5"，即按工程量计算最小抽样数量为5，实际抽样数量为5；

(4) 本次检验批验收不涉及此验收项目时，此栏写入"/"。

6. "检查记录"栏填写

(1) 对于计量检验项目，采用文字描述方式，说明实际质量验收内容及结论；此类多指材料、设备及工程试验类结果的检查项目；

(2) 对于计数检验项目，必须依据对应的《检验批验收现场检查原始记录》中验收情况记录，按下列形式填写：

1) 抽样检查的项目，填写描述语，例如"抽查5处，合格4处"，或则"抽查5处，全部合格"；

2) 全数检查的项目，填写描述语，例如"共5处，检查5处，合格4处"，或则"共5处，检查5处，全部合格"。

(3) 本次检验批验收不涉及此验收项目时，此栏写入"/"。

7. 对于"明显不合格"情况的填写要求

(1) 对于计量检验和计数检验中全数检查的项目，发现明显不合格的个体，此条验收就不合格；

(2) 对于计数检验中抽样检验的项目，明显不合格的个体可不纳入检验批，但应进行处理，使其满足专业验收规范的规定，对处理情况应予以记录并重新验收。"检查记录"栏填写要求如下：

1) 存在明显不合格个体的，不做记录。

2) 存在明显不合格个体的，按《检验批验收现场检查原始记录》中验收情况记录填写，例如"一处明显不合格，已整改，复查合格"，或"一处明显不合格，未整改，复查不合格"。

8. "检查结果"栏填写

(1) 采用文字描述方式的验收项目，合格打"√"，不合格打"×"；

(2) 对于抽样项目且为主控项目，无论定性还是定量描述，全数合格为合格，有一处不合格即为不合格，合格打"√"，不合格打"×"；

(3) 对于抽样项目且为一般项目，"检查结果"栏填写合格率，例如"100%"；定性描述项目所有抽查点全部合格（合格率为100%），此条方为合格；

(4) 本次检验批验收不涉及此验收项目时，此栏写入"/"。

9. "施工单位检查结果"栏的填写

施工单位质量检查员依据《建筑电气工程施工质量验收规范》GB 50303 判定该检验批质量是否合格，填写检查结果。填写内容通常为"符合要求"、"不符合要求"，"主控项目全部合格，一般项目符合 GB 50303—2015《建筑电气工程施工质量验收规范》要求"等评语。如果检验批中含有接地电阻测试、绝缘电阻测试、耐压试验测试、灯具固定及悬吊装置载荷强度试验、照度测试、接闪带固定支架垂直拉力等验收内容，待试验报告出来后对其作判定。施工单位专业质量检查员和专业工长应签字确认并按实际填写日期。

10. "监理单位验收结论"的填写

应由专业监理工程师填写。填写前，应对"主控项目"、"一般项目"按照《建筑电气工程施工质量验收规范》GB 50303—2015 的规定逐项抽查验收，独立得出验收结论。认为验收合格，应填写"合格"；认为验收不合格，应填写"不合格"。如果检验批中含有接地电阻测试、绝缘电阻测试、耐压试验测试、灯具固定及悬吊装置载荷强度试验、照度测试、接闪带固定支架垂直拉力等验收内容，待试验报告出来后对其作判定。

各子分部工程所包含的分项工程和检验批   表 2-1

子分部工程 分项工程	室外电气 安装工程	变配电室 安装工程	供电干线 安装工程	电气动力 安装工程	电气照明 安装工程	自备电源 安装工程	防雷及接地 装置安装工程
变压器、箱式 变电所安装	●	●					
成套配电柜、控制柜 （台、箱）和配电箱 （盘）安装	●	●		●	●	●	
电动机、电加热器 及电动执行机构 检查接线				●			
柴油发电机组安装						●	
不间断电源装置及 应急电源装置安装						●	
电气设备试验 和试运行			●	●			
母线槽安装		●				●	
梯架、托盘和 槽盒安装	●	●	●	●	●		
导管敷设	●		●	●	●	●	
电缆敷设	●	●	●	●	●	●	
管内穿线和 槽盒内敷线	●		●	●	●	●	
塑料护套线 直敷布线					●		
钢索配线					●		

90

子分部工程 分项工程	室外电气安装工程	变配电室安装工程	供电干线安装工程	电气动力安装工程	电气照明安装工程	自备电源安装工程	防雷及接地装置安装工程
电缆头制作、导线连接和线路绝缘测试	●	●	●	●	●	●	
普通灯具安装	●				●		
专用灯具安装	●				●		
开关、插座、风扇安装				●	●		
建筑照明通电试运行	●				●		
接地装置安装	●	●				●	●
接地干线敷设		●	●				
防雷引下线及接闪器安装							●
建筑物等电位联结							●

●：表示该子分部工程所包含的分项工程，每个分项工程至少有一个及以上的检验批。

11. 施工过程质量验收资料是参与工程建设的有关单位根据相关标准、规范对工程质量是否达到合格做出确认的各种文件的统称。主要内容有：检验批质量验收记录、分项工程质量验收记录、子分部工程质量验收记录等，如各子分部工程所包含的分项工程和检验批表（表2-1）所示，子分部工程质量验收记录与分项工程质量验收记录的主要内容如下：

（1）0701　室外电气安装工程

07010101　变压器、箱式变电所安装检验批质量验收记录表

07010201　成套配电柜、控制柜（台、箱）和配电箱（盘）安装检验批质量验收记录表

07010301　梯架、托盘和槽盒安装检验批质量验收记录表

07010401　导管敷设检验批质量验收记录表

07010501　电缆敷设检验批质量验收记录表

07010601　管内穿线和槽盒内敷线检验批质量验收记录表

07010701　电缆头制作、导线连接和线路绝缘测试检验批质量验收记录表

07010801　普通灯具安装检验批质量验收记录表

07010901　专用灯具安装检验批质量验收记录表

07011001　建筑照明通电试运行检验批质量验收记录表

07011101　接地装置安装检验批质量验收记录表

（2）0702　变配电室安装工程

07020101　变压器、箱式变电所安装检验批质量验收记录表

07051001　专用灯具安装检验批质量验收记录表

07051101　开关、插座、风扇安装检验批质量验收记录表

07051201　建筑照明通电试运行检验批质量验收记录表

（6）0706　自备电源安装工程

07060101　成套配电柜、控制柜（台、箱）和配电箱（盘）安装检验批质量验收记录表

07060201　柴油发电机组安装检验批质量验收记录表

07060301　不间断电源装置及应急电源装置安装检验批质量验收记录表

07060401　母线槽安装检验批质量验收记录表

07060501　导管敷设检验批质量验收记录表

07060601　电缆敷设检验批质量验收记录表

07060701　管内穿线和槽盒内敷线检验批质量验收记录表

07060801　电缆头制作、导线连接和线路绝缘测试检验批质量验收记录表

07060901　接地装置安装检验批质量验收记录表

（7）0707　防雷及接地装置安装工程

07070101　接地装置安装检验批质量验收记录表

07070201　防雷引下线及接闪器安装检验批质量验收记录表

07070301　建筑物等电位联结检验批质量验收记录表

12. 分项工程所包含的检验批全部完工并验收合格后，由施工单位技术负责人填写分项工程质量验收记录表，报送监理单位专业工程师组织有关人员验收确认；

13. 分部（子分部）工程所包含的全部分项工程完工并验收合格后，由施工单位技术负责人填写分部（子分部）工程质量验收记录表，报送监理单位总监理工程师组织有关人员验收确认。

（八）工程竣工验收资料

1. 工程竣工验收资料是在工程竣工时形成的重要文件，主要内容有：单位工程竣工预验收报验表、单位（子单位）工程质量竣工验收记录、单位（子单位）工程质量控制资料核查记录、单位（子单位）工程安全和功能检查资料核查及主要功能抽查记录、单位（子单位）工程观感质量检查记录、室内环境检测报告、建筑工程系统节能检测报告、工程质量事故报告、工程竣工报告、工程概况表等；

2. 单位（子单位）工程的室内环境、建筑设备与工程系统节能性能应检测合格并有检测报告；

3. 单位工程完工后施工单位应编写工程竣工报告，内容包括：工程概况及实际完成情况、工程实体质量、施工资料、主要建筑设备、系统调试、安全和功能检测、主要功能抽查等；

4. 单位（子单位）工程完工后，由施工单位填写单位工程竣工预验收报验表报监理单位，申请工程竣工预验收。总监理工程师组织监理单位与施工单位进行检查预验收，合格后总监理工程师签署单位工程竣工预验收报验表、单位（子单位）工程质量控制资料核查记录、单位（子单位）工程安全和功能检查资料核查及主要功能抽查记录和单位（子单位）工程观感质量检查记录等并报建设单位，申请竣工验收；

5. 建设单位应组织设计单位、监理单位、施工单位对工程进行竣工验收，各单位应在单位（子单位）工程质量竣工验收记录上签字并加盖单位公章。

（九）竣工图的内容与要求

竣工图是建筑工程竣工档案的重要组成部分，是工程建设完成后主要凭证性材料，是建筑物真实的写照，是工程竣工验收的必备条件，是工程维修、管理、改建、扩建的依据。各项新建、改建、扩建项目均必须编制竣工图。竣工图绘制工作应由建设单位负责，也可由建设单位委托施工单位、监理单位或设计单位。竣工图的主要内容：

1. 工艺平面布置图等竣工图

2. 建筑工程竣工图、幕墙工程竣工图

3. 结构工程竣工图、钢结构工程竣工图

4. 建筑给水排水及采暖工程竣工图

5. 燃气工程竣工图

6. 建筑电气工程竣工图

7. 智能建筑工程竣工图

8. 通风与空调工程竣工图

9. 市政工程竣工图：

（1）地上部分的道路、广场、路灯照明、园林绿化等竣工图。

（2）地下部分的供水、供电、供热、燃气、通信、排水管线等竣工图。

二、施工资料的要求

1. 凡按施工图施工没有变动的，由竣工图编制单位在施工图图签旁空白处加盖竣工图章；

2. 凡一般性图纸变更，编制单位可根据设计变更依据，在施工图上直接注释，并加盖竣工图章；

3. 凡结构形式、工艺、平面布置、项目内容等重大改变及图面变更超过 40％时，应重新绘制竣工图。重新绘制的图纸必须有图名和图号，图号可按原图编号；

4. 编制竣工图必须编制各专业竣工图的图纸目录，绘制的竣工图必须准确、清楚、完整、规范、修改必须到位，真实反映项目竣工验收时的实际情况；

5. 用于改绘竣工图的图纸必须是新蓝图或绘图仪绘制的白图，不得使用复印的图纸；

6. 竣工图编制单位应按照国家建筑制图规范要求绘制竣工图，使用绘图笔或签字笔，其墨水不易褪色。

第三章 建筑电气工程施工资料填写范例

第一节 建筑电气工程施工资料表格填写范例

施工现场质量管理检查记录 表 C1-1		资料编号	06-C1-1-××	
工程名称	北京××大厦	施工许可证 （开工证）	[2009] 施建字××××号	
建设单位	北京××房地产开发公司	项目负责人	赵××	
设计单位	北京××建筑设计研究院	项目负责人	李××	
监理单位	北京××监理有限责任公司	总监理工程师	齐××	
施工单位	北京××建设 工程有限公司	项目经理	陈××	项目技术 负责人	高××
序号	项 目	内 容		
1	现场质量管理制度	建立健全		
2	质量责任制	落实得力		
3	主要专业工种操作上岗证书	有效齐全		
4	分包方资质与分包单位的管理制度	齐全有效、建立健全		
5	施工图审查情况	会审完毕		
6	地质勘察资料	归档齐全		
7	施工组织设计、施工方案及审批	编写与审批完毕		
8	施工技术标准	北京市地方标准		
9	工程质量检验制度	建立健全		
10	搅拌站及计量设置			
11	现场材料、设备存放与管理	建立健全、管理有序		
12				

检查结论：
　　项目经理部施工技术标准明确，建立健全现场管理制度、工程质量检验制度，分包方资质与分包单位的管理制度、主要专业工种操作上岗证书有效齐全，质量责任制落实到位，施工图会审完毕，施工组织设计（方案）及审批施工技术文件齐全，现场材料、设备存放与管理有序，施工现场质量管理处于受控状态。

　　　　总监理工程师　　　　　　　　　　齐××
　　　（建设单位项目负责人）　　　　　20××年××月××日

本表由施工单位填写。

施工日志 表 C1-2		资料编号	06-C1-2-××

	天气状况	风力	最高/最低温度	备注
白天	晴间多云	偏北风二三级	+4℃/+2℃	上、下午各测一次
夜间	晴间多云	偏北风二三级	−10℃/−12℃	上、下夜各测一次

生产情况记录：（施工部位、施工内容、机械作业、班组工作，生产存在问题等）

施工部位：北京××大厦A段屋面女儿墙

施工内容：防雷引下线安装、接闪器安装

机械作业：钢筋调直机一台，型号：HS-Z-4，电机额定功率：4.2kW；电锤三台，钻孔直径：10~20mm，电机额定功率：0.5kW；磨光机三台，型号：SR 100AEN，电机额定功率：0.9kW；交流电焊机二台，型号：BX1-400，额定容量：22KVA；弹簧测力计4个，型号：SH-100K弹簧测力计（传感器内置式），高精度高分辨率，准确度0.5级，最小读数达0.001N。

班组工作：班组出勤人数为12名，其中电焊工2名，电工7名，普工3名。

生产存在问题：目前工程处于装修阶段，机电专业与土建专业交叉作业，需要科学、合理、有序提供劳动力，并做好设备、材料进场计划，为电气设备安装提供物资保障，并落实好成品保护工作。

技术质量安全工作记录：（技术质量安全活动、检查评定验收、技术质量安全问题等）

技术质量安全活动：

目前公司正开展"质量安全和谐月"活动，项目经理部结合质量安全月活动主题，开展创北京××大厦精品工程活动。本月公司技术部、安全部对北京××大厦先后各检查两次，对检查组发现的问题已分别整改完毕，并将整改报告报送公司技术部、安全部，经复查后符合国家、地方规范和标准的要求。

1. 技术交底的分项工程为防雷及接地装置安装工程，技术交底的交底人将质量要求、验收标准向接受交底人进行书面交底。

2. 安全交底的交底人将施工部位应注意的安全事项向所有接受交底人进行作业前的教育。

技术交底、安全交底的交底人、接受交底人经过交流和沟通后，对书面交底内容未提出不同意见，相关人员签字齐全，各自保存一份。

检查评定验收：

对北京××大厦A段屋面女儿墙接闪带安装质量检查验收。接闪带平正顺直，固定间距均匀，ϕ10mm热镀锌圆钢搭接长度为其直径的6倍，双面施焊，焊缝应无夹渣、咬肉缺陷，并对焊缝进行防腐处理。接闪带引下线均设置明显标识，白底黑色符号。用SH-100K弹簧测力计对北京××大厦A段屋面女儿墙接闪带支架进行拉力全数测试，测试数为38处，每处支架承受的垂直拉力均大于50N。符合施工图设计及《建筑电气工程施工质量验收规范》GB 50303—2015要求，施工质量验收合格。

技术质量安全问题：

1. 隐蔽工程检查记录（表C5-1）、接闪带支架拉力测试记录（表C6-16）按施工进度均已报送监理单位，监理工程师均已确认，返回的技术资料已归档。

2. 屋面女儿墙避雷带安装属于高空作业，张××、李××利用电锤打孔时，未佩戴安全防护用品，班长刘×发现后，责成其配好安全带、安全帽、绝缘手套后继续作业，及时纠正一起安全隐患事故。警示我们应加强作业人员的安全意识、文明施工、场容场貌管理力度，做到常抓不懈。

记录人	李××	日期	20××年××月××日

本表由施工单位填写。

工程技术文件报审表 表 C1-3		资料编号	06-C1-3-××
工程名称	北京××大厦	日期	20××年××月××日

现报上关于北京××大厦工程建筑电气工程施工组织设计工程技术文件，请予以审定。

序号	类　别	编制人	册数	页数
1	施工技术文件	赵××	1	56

编制单位名称：北京××建设工程有限公司

技术负责人（签字）：李××　　　　　　　　　　　申报人（签字）：刘××

施工单位审核意见：

　　同意报送北京××监理有限责任公司，并附公司施工组织设计审批表。

☑有／□无　附页 1

编制单位名称：北京××建设工程有限公司

审核人（签字）：张××　　　　　　　　　　审核日期：20××年××月××日

监理单位审核意见：

　　经北京××监理有限责任公司电气专业监理工程师审核，同意该项目经理部编制的建筑电气工程施工组织设计，望施工单位精心组织，认真落实，实现国家优质工程奖的质量目标，并确保施工过程的人员安全。

审批结论：☑同意　　　　　　□修改后再报　　　　　　□重新编制

监理单位名称：北京××监理有限责任公司

总监理工程师（签字）：齐××　　　　　　　　日期：20××年××月××日

本表由施工单位填报，监理单位签署审批意见。

施工组织设计（方案）审批表

资料编号：

工程名称	北京××大厦	施工单位	北京××建设工程有限公司
技术文件名称	北京××大厦工程建筑电气工程施工组织设计		
建设单位	北京××房地产开发公司	编制单位	北京××大厦工程项目经理部
审批单位	技术部	编制人	赵××
审批人	李××	编制日期	20××年××月××日
审批日期	20××年××月××日	报审日期	20××年××月××日

审批意见：（内容是否全面，控制是否到位及适时修改）

  1. 同意北京××大厦工程建筑电气工程施工组织设计，请项目经理部以本施工组织设计确定的电气工程质量目标为依据，科学组织，落实到位，确保本工程安全、技术、质量目标的实现。

  2. 施工过程中，须严格按照《施工现场临时用电安全技术规范》JGJ 46—2005 的要求，落实安全管理责任制，做好安全教育工作，确保北京××大厦工程实施过程作业者的人身安全，以及各种手持电动机具的用电安全。

  3. 实施过程中，须严格按照《建筑电气工程施工质量验收规范》GB 50303—2015 的要求，落实样板引路，做好施工质量的三检制度，北京××大厦工程争创国家优质工程奖。

  4. 施工过程中，须严格按照北京市地方标准《建筑工程资料管理规程》DB11/T 695—2009 的要求，及时收集、整理和归档建筑电气工程技术资料，做到与施工进度同步进行，签字（盖章）齐全，具有可追溯性。

  5. 若电气工程施工组织设计需要修改，按原审批程序报送，重新审批。

本表由施工单位技术部门负责填写。

专业分包单位资质报审表 表 C1-4		资料编号	06-C1-6-××
工程名称	北京××大厦	日期	20××年××月××日

致＿＿＿＿北京××监理有限责任公司＿＿＿＿（监理单位）：

经考察，我方认为你选择的＿＿××安全系统工程有限公司＿＿＿＿＿＿＿＿＿（分包单位）具有承担下列工程的施工资质和施工能力，可以保证本工程项目按合同的约定进行施工。分包后，我方仍然承担总承包单位的责任。请予以审查和批准。

附：

☑分包单位资质材料

☑分包单位业绩材料

☑中标通知书

分包工程名称（部位）	单位	工程数量	其他说明

施工单位名称：北京××建设工程有限公司　　　　项目部经理（签字）：陈××

监理工程师审查意见：

　　××安全系统工程有限公司作为北京××大厦消防安装工程的专业分包施工单位，其施工资质和施工业绩满足要求，同意该企业作为消防安装工程的专业分包单位进场施工。

监理工程师（签字）：王××　　　　　　　　日期：20××年××月××日

总监理工程师审批意见：

　　××安全系统工程有限公司作为北京××大厦消防安装工程的专业分包施工单位，其施工资质和施工业绩满足要求，同意该企业作为消防安装工程的专业分包单位与北京××建设工程有限公司签订分包合同，并纳入到总承包方管理，进场施工过程应确保施工质量，加强安全生产教育，杜绝安全事故的发生。

监理单位名称：北京××监理有限责任公司

总监理工程师（签字）：齐××　　　　　　　日期：20××年××月××日

本表由施工单位填报，监理单位签署审批意见。

安全生产许可证

（副本）

编号：(陕)JZ安许证字〔2011〕××

单位名称：××安全系统工程有限公司

主要负责人：××

单位地址：××市高新科技二路65号清扬国际大厦7层5室

经济类型：有限责任公司

许可范围：建筑施工

有效期：2011年4月2日至2014年4月1日

发证机关：

2012 年 月 日

国家安全生产监督管理总局 监制

延 期 核 准 栏

经审查，准予该企业安全生产许可证有效期延期三年。

自：

至：

延期核准机关（章）

年 月 日

经审查，准予该企业安全生产许可证有效期延期三年。

自：

至：

延期核准机关（章）

年 月 日

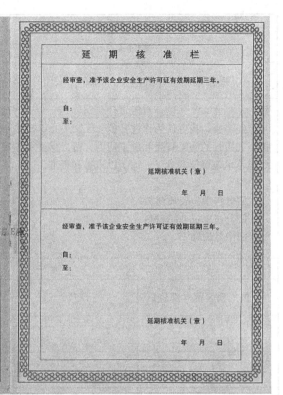

企业名称：×× 安全系统工程有限公司

资质等级：消防设施工程专业承包壹级

＊＊＊＊＊＊

建筑业企业

资 质 证 书

证书编号：B111406100××

发证机关

2012 年 09 月 18 日

原发证日期：2011年12月19日

中华人民共和国建设部制

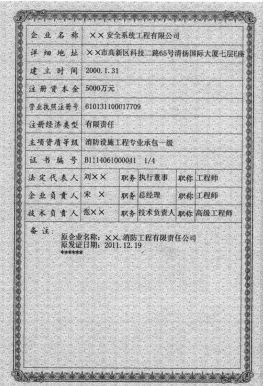

企业名称	××安全系统工程有限公司				
详细地址	××市高新区科技二路65号清扬国际大厦七层E座				
建立时间	2000.1.31				
注册资本金	5000万元				
营业执照注册号	610131100017709				
注册经济类型	有限责任				
主项资质等级	消防设施工程专业承包一级				
证书编号	B1114061000041　1/4				
法定代表人	刘××	职务	执行董事	职称	工程师
企业负责人	宋×	职务	总经理	职称	工程师
技术负责人	张××	职务	技术负责人	职称	高级工程师
备注	原企业名称：××消防工程有限责任公司 原发证日期：2011.12.19 ******				

承 包 工 程 范 围

消防设施工程专业承包一级
可承担各类消防设施工程的施工。
******

发证机关：（章）
2012 年09 月18 日

中标通知书

致：　××消防工程有限责任公司

关于：××大厦消防工程中标事宜

敬启者：
　　兹由××房地产开发有限公司向贵司"××消防工程有限责任公司"发出本"中标通知书"
并决定由贵司承担"××大厦消防工程中标"（以下简称"本工程"）。
　　就本工程有关事宜，现请贵司作如下确认：
一、本工程的中标价为：19506688.71元。
二、贵司确认完全理解及接受本工程施工合同、招标文件及其他所有内容。
三、贵司承诺按照贵我双方签订的合同完成本工程之全部内容及履行相关责任和义务。
四、贵公司在接到本通知书后即可以开始备料，并于本通知发出之日起3天内，备料进场进行预埋施工.
　　如贵司对上述所有条款均完全认可并同意，请在本中标通知书回执（一式肆份）上签字并加盖公章，
并在三日内送回我司。
　　请贵司按照投标文件所述内容及招标文件之要求及时与我司签订建设工程施工合同。

××房地产开发有限公司（章）

2012年5月22日

回 执

××房地产开发有限公司：

　　我司已经收悉上述《中标通知书》，并对此表示完全认可和接受。

××消防工程有限责任公司（章）

法定代表人或授权委托人签字：_____

日期：_____

××大厦消防系统工程

施

工

合

同

2012 年 7 月 10 日

消防系统工程施工合同

发 包 人 ：×× 房 地 产 开 发 有 限 公 司
（以下简称甲方）
地址：××市京汉大道 1248#华清园 4#楼
邮编：
电话：027-82836663
传真：027-82835553

承 包 人 ×× 消 防 工 程 有 限 责 任 公 司
（以下简称乙方）
地址：
邮编：
电话：
传真：

鉴于发包人已就××大厦(以下简称本工程)消防工程进行了招投标。

鉴于发包人已接受承包人提出的承担本工程的投标书、承诺书及其附属文件。

鉴于承包人同意按照招标文件约定的合同文件的要求履行其合同责任并保证以诚信、敬业和积极的态度与发包人和本工程涉及的任何第三方保持充分的有效的合作，直至工程的圆满竣工。

为保障甲乙双方的利益，保证工程顺利进行，依照《中华人民共和国合同法》、《中华人民共和国建筑法》及其他有关法律、行政法规，遵循平等、自愿、公平和诚实信用的原则，经甲乙双方充分友好协商达成一致后，签订本合同。

第一节　定义

下列定义除本合同中另有约定外，应具有以下所赋予的含义：

1.1 发包人：指在合同中约定，具有工程发包主体资格和支付工程价款能力的当事人以及取得该当事人资格的合法继承人。

本合同壹式**拾**份，甲方保留五份，乙方保留五份，经甲、乙双方签字盖章后生效，具同等法律效力。

本合同附件：　1.投标书

2.二次报价文件

3.承诺函

4.施工图纸

甲方(公章)：××房地产开发有限公司

法定代表人：

委托代理人：

地址：

邮编：

电话：

传真：

开户银行：

账号：

日期：<u>2012-7-10</u>

乙方（公章)：××消防工程有限责任公司

法定代表人：

委托代理人：

地址：

邮编：

电话：

传真：

开户银行：

账号：

日期：<u>2012-7-10</u>

建设工程质量事故调（勘）查记录 表 C1-5			资料编号	06-C1-4-××
工程名称	北京××大厦		日期	20××年××月××日
调（勘）查时间	20××年××月××日××时××分至××时××分			
调（勘）查地点	北京市海淀区百万庄甲××号			
参加人员	单位	姓名	职务	电话
被调查人	北京××建设工程有限公司	赵××	项目部经理	139××××××××
陪同调（勘）查人员	北京市建设工程安全质量监督总站	刘××	主任	137××××××××
	北京××监理有限责任公司	胡××	总监理工程师	135××××××××
调（勘）查笔录	20××年××月××日，北京××大厦A座16层照明系统试运行期间，由于维修电工接线错误，导致公共走廊吊顶内12套格栅灯具内荧光灯管烧坏，周围石膏板需要更换，直接经济损失1.4万元人民币。			
现场证物照片	☑有□无共4张共6页（略）			
事故证据资料	☑有□无共2张共6页（略）			
被调查人签字	赵××		调（勘）查人	刘××

本表有调查人填写。

建设工程质量事故报告书 表 C1-6		资料编号	06-C1-5-××
工程单位	北京××大厦	建设地点	北京市海淀区百万庄甲××号
建设单位	北京××房地产开发建设有限公司	设计单位	北京××建筑科学设计院
施工单位	北京××建设工程有限公司	建筑面积（m²） 工程量（元）	5.8m² 3.6亿元人民币
结构类型	框架剪力墙结构	事故发生时间	20××年××月××日
上报时间	20××年××月××日	经济损失（元）	1.4万元人民币

事故经过、后果与原因分析：

  20××年××月××日，北京××大厦 A 座 16 层照明系统试运行期间，由于维修电工接线错误，导致公共走廊吊顶内 12 套格栅灯具内荧光灯管烧坏，周围石膏板需要更换，直接经济损失 1.4 万元人民币。

  经事故现场实地技术勘察，该事故原因是由于维修电工接线时，将该照明回路误认为零线，压接在零线端子排，造成照明回路短路，导致公共走廊吊顶内 12 套格栅灯具内荧光灯管烧坏，以及周围石膏板表面受损需要更换。

事故发生后采取的措施：

  事故发生时，维修电工及时切断照明回路的小型断路器，未造成更大范围的经济损失。

事故责任单位、责任人及处理意见：

  （1）事故责任单位：

  北京××建设工程有限公司

  （2）事故责任人：

  北京××建设工程有限公司项目经理部电工朱××

  （3）处理意见：

  对事故责任人进行技术培训教育，学习《施工现场临时用电安全技术规范》JGJ 46—2005，经考试合格后，方可持证上岗，并对该电工经济处罚人民币 400 元。日后电工作业维修，做到作业者、监护者同时在场，杜绝施工过程安全事故的发生，或将损失降低到最低限度。

负责任	刘××	报告人	刘××	日期	20××年××月××日

本表有报告人填写。

技术交底记录 表 C2-1		资料编号	06-C2-1-××
工程名称	北京××大厦	交底日期	20××年××月××日
施工单位	北京××建设工程有限公司	分项工程名称	电缆敷设
交底提要：		矿物绝缘电缆敷设与安装	

交底内容：

一、施工工艺流程

施工准备→人员培训→技术准备→电缆检查→敷设电缆→挂标牌→终端接头、中间接头的制作→电缆分相→检查接线

二、施工人员培训

合理安排人员，对关键部位中间连接、始末端制作、弧度交底，厂方和施工技术人员要对操作工人拿样品进行模拟示范，然后工人练习至熟练。

三、技术准备

1. 熟悉施工图纸，了解各回路中所用的矿物绝缘电缆的型号、规格长度、中间需几个中间连接、图纸说明和具体敷设的方式及场所。

2. 班前交底，让工人充分了解这类电缆的性能、敷设要求、技术标准，特别是电缆绝缘测试的方法、步骤，掌握施工技能。这一步至关重要，对安装敷设的质量能起到绝对的保证作用。

3. 结合图纸熟悉施工现场的情况，包括电缆的走向以及沿线的实际情况、电缆始端的位置，对电缆编号，对同一桥架内电缆排列顺序合理布局，安排人员及工具。

四、到货检查

1. 核对所到电缆的型号、规格、数量是否与提料单及设计图纸中的电缆相一致。发现疑问应及时与供应商联系，处理、解决。

2. 检查电缆外观。观察电缆的外包装是否完好，拆除外包装之后，再看电缆的外表铜皮是否有损坏痕迹，两端的封端是否完好，每盘的电缆长度是否与标签所示的长度一样。

3. 测试电缆的绝缘电阻。和普通电缆一样，绝缘电阻测试十分重要，一定要逐条验收测试。

4. 当电缆受损或有疑问时，可对电缆进行交流耐压测试，实验电压 1250V、时间 15s，不击穿即为合格产品。

5. 对于一些小截面的电缆或多芯电缆，还应进行电缆导体的连续性的测试，发现断线应及时通知供应商处理。

五、施工要求

1. 电缆敷设的弯曲半径应满足表 1 规定的电缆允许最小弯曲半径的要求。

矿物绝缘电缆弯曲半径   表 1

电缆外径 D（mm）	$D<7$	$7\leqslant D<12$	$12\leqslant D<15$	$D\geqslant15$
电缆内侧最小弯曲半径 R（mm）	$2D$	$3D$	$4D$	$6D$

注：多根不同外径的矿物绝缘电缆相同走相时，为达到整齐、美观的目的，电缆的弯曲半径参照外径最大的电缆的进行调整并符合相应的最小弯曲半径要求。

2. 电缆在下列场合敷设时，由于环境条件可能造成电缆振动和伸缩，应考虑将电缆敷设成"S"或"Ω"形弯，其半径应不小于电缆外径的 6 倍。

3. 电缆敷设时，其固定点之间的间距，除支架敷设在支架固定外，其余可按表 2 推荐的数据固定。

电缆固定间距数据 表 2

电缆外径 D（mm）		D<9	9≤D<15	D≥15
固定点之间的最大间距	水平	600	900	1500
	垂直	800	1200	200

若电缆倾斜敷设，则当电缆与垂直方向成 30°及以下时，按垂直间距固定；当大于 30°时，按水平间距固定。各种敷设方式也可按每米一个固定点固定。

4. 电缆敷设时，在转弯及中间连接器两侧，有条件固定的应加以固定。

5. 计算敷设电缆所需长度时，应考虑留有不少于 1% 的余量。

6. 单芯电缆敷设时，且每路电缆之间留有不少电缆外径 2 倍的间隙，则应考虑载流量减少系数。

7. 对电缆在运行中可能遭受到机械损伤的部位，应采取适当的保护措施。

8. 单芯电缆敷设时，应逐根敷设，待每组布齐并矫直后，再作排列绑扎，间距以 1～1.5m 为宜。

9. 当电缆在对铜护套有腐蚀作用的环境中敷设时，或在部分埋地或穿管敷设时，应采用有聚氯乙烯外套的矿物绝缘电缆。

10. 在布线过程中，电缆据断后应立即对其端部进行临时性封端。

11. 矿物绝缘电缆的铜护套必须接地且为单端接地。电缆（单芯）用于交流电网时，由于交变磁场的作用，在电缆铜护套上产生感应电势，如果电缆两端接地形成回路，便会产生与线芯电流方向相反的纵向电流。

12. 对于大截面单芯电缆，用于交流电网时应采取涡流消除措施。在交变电流作用下，铜护套上会形成横向涡流，能造成能量损耗。

13. 矿物绝缘电缆采用架空敷设时，如果跨越的间距不大，则可将电缆直接固定于两端的支持物上。如果是跨越的间距较大，应采用沿钢索敷设的方法，如前所述。架空电缆在两端的直接进户处，如果是穿越墙壁的，则应在进户处预埋一根直径大于电缆外径的 1.5 倍的瓷管或塑料管以便电缆穿进户内。当电缆穿进后，管口应用堵泥封住管口，以防雨水渗入。当电缆沿钢索悬挂敷设时，在钢索的两端固定处，悬挂的电缆应考虑做一次减振膨胀环，防止大风吹动引起的振动和热胀冷缩现象。特别的北方地区，要考虑避免冬季电缆的断裂，所以也要考虑到悬挂的电缆有一定的垂度。

六、固定方式

电缆在支架上卡设时，要求每一个支架处都有电缆卡子将其固定。固定用的角钢支架在某些场合需考虑耐火等级。

七、敷设方法

1. 现场搬运。现场施工时，矿物绝缘电缆的搬运可采用人工搬运。因其重量并不是很重，最重的一盘电缆的重量仅为 140kg 左右，只要三四个人就可将它搬到现场的任何地方，要做好电缆的防护工作，以免损坏电缆。

2. 敷设时的放线。电缆的敷设有垂直敷设与水平敷设两种。在相同走向处敷设时，应根据电缆的分岔口位置由近到远逐要布线，以避免电缆交叉而影响美观。

垂直敷设部分，可采用从上到下的敷设方法。敷设时，施工人员将电缆搬运至最高处，由几名辅助工人将电缆托住，慢慢地松开并转动（注：应将整盘电缆一起转动），边放边校直，在敷设的整条线路中，每隔 4～5m 站一人，以协助电缆顺利向下敷设，一直将电缆敷设到位。水平敷设部分，同上面的放线方法一样将电缆松开，沿水平方向逐渐拉放过去，要求每隔 4～5m 站一人，一直将电缆敷设到位。

如施工现场条件许可，可制作简易工具，更好的保证施工质量、提高工作效率，同时也可最大限度地克服环境对施工的限制。步骤如下：将盘状电缆置于自制的放线架上，螺栓固定电缆后用外力牵引电缆端部，放线架则发生转动，电缆则可按照设定线路放线；小规格、小截面电缆用金属吊钩直接牵引电缆端部就可实现放线；大规格、大截面电缆可采用一定的工具，在电缆线芯端部采用特定的装置也可实现放线。

牵引固定后，电缆直接穿过桥架，因本体成盘时的弯曲状态，效果可能不美观，让电缆通过一个夹板导轮，则可解决电缆弯曲造成整个线路不美观的遗憾。电缆沿桥架敷设，在牵引力的作用下，向前移动，为了方便放线，可在电缆下方设置一个导向轮（图1），以便电缆通过设定区域。

当电缆放置完毕，须将每组电缆进行分组，按照一定的相序排列，每组电缆可用铜带、铜线进行绑扎以免相序间混乱。当电缆敷设完毕，在桥架、支架、托架等水平方向的效果，如图2所示。电缆在竖直桥架或支架上敷设，固定方法可采用铜带、铜卡、铜线等固定。

图1

图2

电缆在敷设过程当中没桥架转弯处，电缆会受到很大的阻力，且容易使电缆受到破坏，为解决这样的问题，可以用弧形转向器，让电缆穿过转向器来实现电缆的自动转弯，如图3所示，电缆端部或端部转弯处，需校直或根据施工现场的需要加工成一定的形状，可采用一个校直工具，将电缆进行定形，如图4所示。

图3

图4

3. 线路的整理。同一线路敷设完毕且中间接头制作好后，应对线路进行整理及固定，以满足施工要求。

线路的整理包括整线、固定和制作铭牌三项工作。整理的方法是先将电缆按路分开，整直每根电缆，然后将电缆按要求的间距进行固定，如图5所示。若一路电缆有3根或4根，则整直后应捆绑在一起，每整好一路再敷另外一路，以免搞错。整理时应从上到下、从前到后、从始到末逐段进行。在转弯处，应将电缆按规定的弯曲半径进行弯曲。

电缆的固定可用铜卡或用铜、铁扎线绑固定。为做到整齐、美观，整个电缆的走向（包括平直部分和弯曲部分）应全部为平行走向，转弯处的弯曲半径应一致，固定点尽量做到整齐且间距都符合规定的要求，如图6所示。

图 5

图 6

当局部电缆需定形，可用木槌、橡胶槌等工具敲打电缆，来达到目的，如图7所示。对于单芯电缆也可以用铁锤敲打电缆。但为防止铜皮受到强外力的撞击而被破坏，建议在电缆表面垫硬质木板，以保证在电缆不受破坏的情况下合理受力，按照要求布线，当电缆长度大于设定电气回路长度，则应用锯弓截去多出部分，以留它用；端部要作简单的密封外埋，截去多出部分后的端部情况如图8、图9、图10所示。

图 7

图 8

图9   图10

整理结束后，应在每路电缆的两端分别挂上电缆铭牌，铭牌上应标有电缆型号规格长度以及起始端、终止端、施工年月等，以备查考。

八、敷设注意事项

1. 电缆的布线应根据电缆的实际走向事先规划好，并作好施工方案及施工记录。

2. 放线时，每根电缆应及时做好识别标签。

3. 电缆锯断或割开后，应立即做好临时封端。

4. 敷设好的电缆要及时整理、固定，并做好保护措施以防电缆损坏。

5. 电缆敷设前、后应做好绝缘测试，记录好测试数据，并对比，一旦发现绝缘电阻降低应及时处理。

九、附件安装方法

1. 确定电缆长度，切除多余电缆，在电缆制作终端部用管子割刀在电缆表面割一道痕线（铜护套不能割断，深度为电缆铜护套2/3厚度最佳）用剥离器（斜口钳）将铜护套按顺时针方向，并以较小角度进行转动直至痕线处，如图11所示。

2. 在安装铜封杯之前，应用清洁的干布彻底清除外露导线上的氧化镁材料，将束头套在电缆上，再将黄铜杯垂直拧在电缆护皮上，用束头在封杯上滑动，如图12所示。

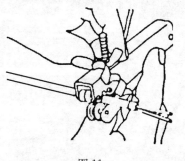
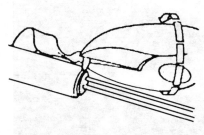

图11   图12

3. 距电缆开端100～600mm处（切除部分较短，室外存在时间较长，环境湿度大，建议用600mm）用喷灯外焰加热电缆，并将火焰不断移向电缆敞开端，以便将水分排出干净，切记只可向电缆终端方向移动火焰，否则将会把水分驱回电缆内部。如图13、图14所示。

4. 用欧姆表分别测量导体与导体、导体与铜护套之间的绝缘电阻，若测量值在 200MΩ 以上即可。

5. 向封杯内注入封口膏（电缆温度在 80～100℃ 最佳），注入封口膏应从一侧逐渐加入，不能太快，以便将空气排空，直至加入稍过量为宜。

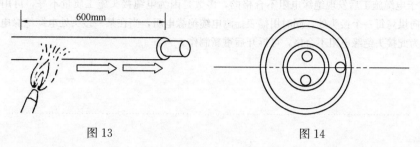

图 13   图 14

6. 压上封杯盖，用热缩管把线芯套上并加热，此时用欧姆表测量一下电缆的绝缘电阻，如果绝缘电阻值偏低则重新做一次，直至达到要求为止，如图 15、图 16、图 17、图 18、图 19 所示。

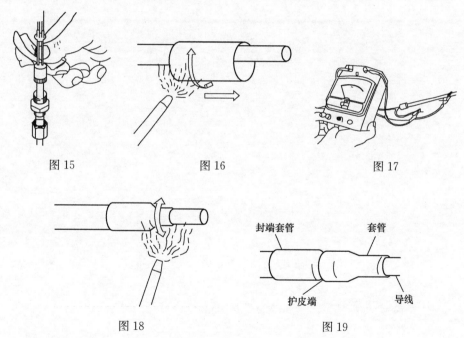

图 15   图 16   图 17

图 18   图 19

矿物绝缘电缆的工艺要求的难点是接点的密封及绝缘，因此电气性能的优良与人为因素关系最直接，所以要严格要求工人按照上述步骤进行施工，测试达到绝缘电阻大于 5MΩ，两头通路电阻为零。

十、质量控制

1. 电缆敷设严禁有绞拧、电缆挤压变形、防腐护套破损和电缆表面严重划伤、破损等缺陷。

2. 三相或单相的交流单芯电缆，不得单根穿于磁性导管内，固定用的卡子和支架等不得形成闭合铁、磁回路。

3. 电缆终端头固定牢固，芯线与接线端子压接牢固，接线端子与设备螺栓连接紧密相序正确，绝缘密封严密。

4. 电缆中间接头安装牢固，中间连接端子压接紧密，绝缘恢复严密结实，电缆线芯与中间连接管之间有合理的绝缘间隔。

5. 电缆接线正确，并联运行的电缆的型号、规格、长度、相位应一致无误。

6. 电缆排列整齐，固定可靠，避免交叉。

7. 对于电缆施工后发现绝缘电阻不合格的，多数是因为电缆接头施工质量不好，可用喷灯沿电缆长度方向烘烤每一个接头处，同时用摇表摇测电缆绝缘电阻，当在某一接头处电缆绝缘电阻急剧变化时，即为此接头绝缘电阻不合格，可拆开后重新制作。

| 审核人 | 李×× | 交底人 | 刘×× | 接受交底人 | 孙×× |

本表由施工单位填写。

图纸会审记录 表 C2-2			资料编号	06-C2-2-××
工程名称	北京××大厦		会审日期	20××年××月××日
地点	建设单位 206 会议室		专业名称	建筑电气工程
序号	图号	图纸问题		图纸问题交底
1	电施-04、电防-03	人防层污水泵控制箱系统图表明由控制箱至液位传感器的控制电缆 YQS1-4×1.0 穿 SC25 管，在电施-03 中由消防中控室至液位传感器的控制电缆 KYJ-5×1.0 穿 PVC20 管。		如果由设备厂家成套提供，采用设备厂家的；如果不是厂家提供，采用控制电缆 YQS1-4×1.0 穿 SC25。
2	电防-04	地下二～四层车库及人防的污水泵、排烟风机、排风机等在系统图没有注明穿保护管的规格型号。人防的污水泵排风机有一根控制电源，控制设备没有注明。		参照电施-03 设备选择表
3	电防-04、05、06、07	人防应急照明配电箱支路管线 NH-BV-4×2.5 穿 SC25 管，在电施-01 穿管规格表中显示为 SC20 管。		按电施-03 管线选择表施工，采用 SC20 管。
4	电施-04、07、10	由一号楼 1、2、3 号配电室（在地下二层）至地下三四层人防内的污水泵排风机的电源管线没有注明管径，但系统图中表示为线槽。		参照电施-03 电缆穿管选择表
5	电施-03	第 1～7 防护单元战时电源的进线由何引入，图纸没有注明。		战时电源主进线不做预留
6	电防-12、14	由防护 1～4 单元的总电源柜至地下四层防护 1、2 单元的电源引出没有回路编号。		以系统图为准，预埋 3 根电源管
7	电防-14	预留密闭套管 12 根 SC100 管如何排列，是布置一排，还是布置两排。		根据现场实际可进行调整
8	电防-14	图中找不到 APB3-RFZ2、AZB3-4FZ2、ALB3-RFZ2 配电箱的安装位置。		待定
9	电防-10	车库内的 ALB 配电箱没有编号，线槽没有规格型号。		待定
10	电防-03	电防-03 中 ALB3-4FZ1、APB3-4FZ1 电源由 5 号变配电室引来，在 1 号楼电施-4 中是由 1 号变配电室引来，标注不明确。		以一号楼系统图为准，由一号变配电室引来。
11	电施-15	车库照明配电箱 ALE-B3-3、AL-B3-3、ALE-B3-2、AL-B3-2 的电源由何处引来，标注不明确。		待定
签字栏	建设单位		监理单位	设计单位	施工单位
	赵××		王××	××	李××

本表由施工单位整理、汇总。

设计变更通知单 表 C2-3			资料编号	06-C2-3-××
工程名称		北京××大厦	专业名称	建筑电气工程
设计单位名称		北京××建筑设计院	日期	20××年××月××日
序号	图号	变更内容		
1	电施-126 图	由于暖通专业将电风幕移至首层停车场入口处，电气专业做相应修改，如下图所示，电源由 3-d1AT1 配电箱引出，将原设计中的 FM-d1-1、FM-d1-2 配电箱的回路引自此处，3-d1AT1 配电箱系统图不作调整。 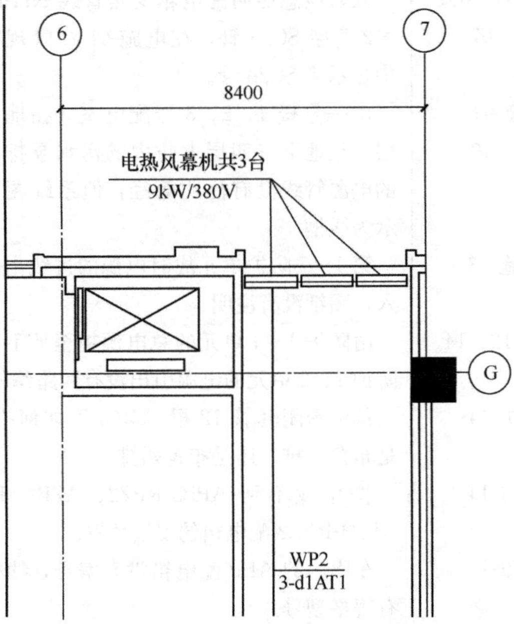 		
签字栏	监理（建设）单位		设计单位	施工单位
	王××		赵××	李××

本表由变更提出单位填写。

114

工程变更洽商记录 表 C2-4		资料编号	06-C2-4-××
工程名称	北京××大厦	专业名称	建筑电气工程
提出单位名称	北京××建设工程有限公司	日期	20××年××月××日
内容摘要			

序号	图号	洽商内容
1	电施-82 图	应设计要求，北京××大厦 A 座屋面卫星天线基础平台做变更，卫星天线设备基础平台采用 C30 混凝土浇筑，钢筋采用植筋方法进行施工，具体位置、尺寸及配筋详图如下所示。电气专业管线做相应变更，电气管线采用 SC40 焊接钢管做保护，设备基础及外漏钢管应做可靠接地保护。

签字栏	建设单位	监理单位	设计单位	施工单位
	赵××	王××	赵××	李××

本表由变更提出单位填写。

材料见证试验报告 表 C4-5		资料编号	06-C4-5-××
		试验编号	×××
		委托编号	×××
工程名称及 使用部位	北京××大厦	试样编号	1－3#
委托单位	北京京国电器 开关有限公司	试验委托人	李××
材料名称及规格	单联二极插座 10A/250V	产地、厂别	温州经济技术开发区天河街 道永丰西路 201 号 温州雷尔松本电器有限公司
代表数量	3 只	来样日期	20××年××月××日	试验日期	20××年××月××日

要求试验项目及说明：

单联二极插座（10A/250V）试验项目：温升、爬电距离、电气间隙和通过密封胶的距离试验检验说明：家用和类似用途插头的通用检验标准、样品送检单

试验结果：

温升、爬电距离、电气间隙和通过密封胶的距离试验检测结果，各单项均合格，符合《家用和类似用途插头 第 1 部分：通用要求》GB 2099.1—2008。

结论：

3 只单联二极插座（10A/250V）送检，其试验项目：温升、爬电距离、电气间隙和通过密封胶的距离试验均符合《家用和类似用途插头 第 1 部分：通用要求》GB 2099.1—2008，结果各单项均合格，因此，1－3# 单联二极插座（10A/250V）检测均合格，可以使用。

批准	郭××	审核	宋××	试验	刘××
试验单位	××市产品质量监督检验所				
报告日期	20××年××月××日				

本表由检测机构提供。

中国国家强制性产品认证证书

证书编号：2016010201848740

委托人名称、地址

北京京国正电器开关有限公司

北京市大兴区西红门镇第四村福伟路东段路西100米

生产者(制造商)名称、地址

北京京国正电器开关有限公司

北京市大兴区西红门镇第四村福伟路东段路西100米

生产企业名称、地址

温州雷尔松本电器有限公司

浙江省温州经济技术开发区天河街道永丰西路201号

产品名称和系列、规格、型号

带保护门单相两极带接地暗装插座

NO.ML-16、KG426/15CS 16A 250V～

产品标准和技术要求

GB2099.1-2008; GB1002-2008

上述产品符合强制性产品认证实施规则
CNCA-C02-01:2014的要求，特发此证。

发证日期：2016年03月13日　　有效期至：2021年02月24日

证书有效期内本证书的有效性依据发证机构的定期监督获得保持

本证书的相关信息可通过国家认监委网站www.cnca.gov.cn查询

　主　任：　　　　　　　　　

中国质量认证中心

中国・北京・南四环西路188号9区 100070

http://www.cqc.com.cn

CNAS L0811

(2009)国认监验字(35)号

2009010143Z

2009京质监验字020号

No.020-WDQ12456

检 验 报 告
TEST REPORT

样 品 名 称 Product	单联二、三极插座
型 号 规 格 Model/Type	C9/10US 10A 250V～
委 托 单 位 Applicant	北京京国正电器开关有限公司
标称生产单位 Manufacturer	温州雷尔松本电器有限公司
检 验 类 别 Type of Test	委托检验

北京市产品质量监督检验所

Beijing Products Quality Supervision and Inspection Institute

北京市产品质量监督检验所
Beijing Products Quality Supervision and Inspection Institute

检 验 报 告
TEST REPORT

No.020-WDQ12456

样 品 名 称 Product	单联二、三极插座	检 验 类 别 Type of Test	委托检验
型 号 规 格 Model/Type	C9/10US 10A 250V～	商 标 Trade Mark	BJGUZEN、Leier
生 产 日 期 Manufactured Date	2016.1.5	样 品 数 量 Samples Quantity	3 只
出 厂 编 号 Serial Number	/	质 量 等 级 Quality grade	合格品
委 托 单 位 Applicant	北京京国正电器开关有限公司	联 系 电 话 Tel.	60292410
委 托 单 位 地 址 Applicant Address	北京市大兴区西红门镇第四村 福伟路东段路西100米	邮 政 编 码 Zip Code	/
标 称 生 产 单 位 Manufacturer	温州雷尔松本电器有限公司	抽/送样人 Sampled/delivered by	王成光
来 样 日 期 Application Date	2016.1.18	来 样 方 式 Sampling Method	送样
抽 样 地 点 Sampling Site	/	抽 样 基 数 Population	/
检 验 依 据 Ref.Documents	GB2099.1-2008《家用和类似用途插头插座 第1部分：通用要求》		
检 验 项 目 Test items	温升、爬电距离·电气间隙和穿通密封胶的距离2项		
检 验 结 论 (Test Conclusion)	所检项目符合 GB 2099.1-2008《家用和类似用途插头 第1部分：通用要求》标准要求。 检验专用章 Issued by(Stamp) 签发日期：2016 年 2 月 日 Date of Issue:		
备 注 (Remarks)	1、样品状态：外观正常 2、样品分配：12只样品检验，12只样品备样 3、本检验报告覆盖范围：两级插座、三级插座		

批 准 Approved by: 王静　　　审 核 Inspected by: 石明南　　　编 制 Organized by: 窦邦春

119

北京市产品质量监督检验所
Beijing Products Quality Supervision and Inspection Institute

检 验 报 告
TEST REPORT

序号	检验项目	标准条款	技 术 要 求	实测结果	单项判定
1	温升	19	可拆线电器附件接上表15所示导线进行试验	符合	合格
			横截面积：（mm²）	1.5	
			导线的类型	单心硬导线	
			施加力矩：（N·m）	0.8	
			按表20规定的试验电流（A）通电·1h	16	
			端子的温升不得大于45K（K）	N: 30.6 L: 32.9	
			25.3条所需的绝缘材料外部部件的温升（K）	11.3	
2	爬电距离、电气间隙和通过密封胶的距离	27 27.1	爬电距离、电气间隙和通过密封胶的距离应不小于表23所示的值	符合	合格
			爬电距离	符合	
			1、不同极性的带电部件之间 ≥ 3mm (mm)	>3	
			2、带电部件与 —— 易触及的绝缘材料部件表面之间 ≥3mm (mm)	>3	
			—— 接地的金属部件包括接地电路部件之间 ≥3mm (mm)	>3	
			—— 支承暗装式插座底座的金属框架之间 ≥3mm (mm)	>3	
			电气间隙	符合	
			6、不同极性的带电部件之间 ≥ 3mm (mm)	>3	
			7、带电部件与 —— 易触及绝缘部件表面之间 ≥ 3mm (mm)	>3	
			—— 第8和第9项中未提及的接地金属部件包括接地电路部件之间 ≥ 3mm (mm)	>3	
			—— 支承暗装式插座底座的金属框架之间 ≥3mm (mm)	>3	

合 格 证

检验员： 检02   本产品经严格测试合格，准予出厂

生产日期：20XX年X×月

标准号：GB2099.1-2008
GB1002-2008
GB16915.1-2003
10A.16A.250V~

材料、构配件进场检验记录 表 C4-6					资料编号	06-C4-6-××	
工程名称			北京××大厦		检验日期	20××年××月××日	
序号	名称	规格 型号	进场 数量	生产厂家 合格证号	检验项目	检验结果	备注
1	焊接钢管	SC15	200 根	天津市利达钢管厂	外观、质量 证明文件	合格	

检验结论:

以上钢管、型钢表面检查无锈蚀现象,钢管、型钢经游标卡尺测量,其管径、厚度均符合国家要求。材料质量证明书、合格证齐全,其规格型号及数量均符合施工图设计及材料进场计划表的要求,同意办理材料进场相关手续。

　附:产品质量证明书、合格证

签字栏	施工单位	北京××建设 工程有限公司	专业技术负责人	专业质检员	检测人
			李××	吴××	赵××
	监理(建设)单位	北京××监理有限责任公司		专业工程师	王××

本表由施工单位填写。

附产品质量证明书：

××钢管厂产品质量证明书

供料单位：

NO：

产品名称	焊接钢管	产品规格	¾"		供货数量		产品批号		执行标准	GB 13091—2003
检测项目	单位	检测内容	标准要求	实测结果	结论		检测结论			
抗拉强度（Rm）	N/mm²		Q215 时≥335，Q235 时≥375	450	合格					
断后伸长率	%		外径≤168.3mm，≥15，外径>168.3mm，≥20	18	合格		经检测该批钢管符合标准要求			
弯曲实验	—		管材不带填充物且焊缝位于弯曲方向外侧 90°弯曲 R=6 外径	完好	合格					
水压实验	MPa		最大 5.0	4.2	合格					
压扁实验	—		两平板间距离为钢管外径的 2/3 时焊缝不应出现裂缝和裂口，两平板间距离为钢管外径的 1/3 时焊缝以外不能出现裂缝和裂口，继续压扁至相对管壁贴合不允许出现分层和金属熔结现象	—	—		发证部门（盖章）		钢级/材质	
							天津市利达钢管厂质检科		Q335	
涡流探伤	—		逐支：执行 GB/T 7735	符合	合格					
化学成分	%	C	0.12~0.17	0.15	合格		质检员			董××印
		Si	≤0.30	0.26	合格		注意事项	(1) 此报告无天津市利达钢管厂质检章无效；(2) 此报告无质检验员、审核人盖字（盖章）无效；(3) 本检验报告只对本公司产品负责；(4) 此报告涂改复印无效		
		Mn	0.30~0.70	0.41	合格					
		P	≤0.045	0.033	合格					
		S	≤0.045	0.034	合格					
表面质量要求			符合标准要求	符合	合格					
其他说明			—	—	—		厂址：天津市西青开发区王村工业园区（外环线油溜桥南 4 公里）；电话：022—23971371；传真：022—23979360；邮编：300381			
							填证人	陈××印	审核人	耿春东印
									填证日期	

合格证

品 名	焊接钢管
规 格	SC15
批 号	QR10.2－04
日 期	20××年××月××月
检 验	李

ISO9002 国际标准认证产品

天津市技术监督局公证产品

天津市利达钢管厂

质 检 处

122

材料、构配件进场检验记录 表 C4-6					资料编号		06-C4-6-××
工程名称		北京××大厦			检验日期		20××年××月××日
序号	名称	规格型号	进场数量	生产厂家 合格证号	检验项目	检验结果	备注
1	接线盒	86H50	1000个	北京东宏东升管道有限公司 86H50	外观检验、实体检测、技术文件	合格	

检验结论:

　　1000个86H50钢制接线盒经外观检验、实体检测均合格,附带技术文件齐全。接线盒的规格型号符合施工图设计及《建筑电气工程施工质量验收规范》GB 50303—2015 的要求,同意办理材料进场相关手续。

　　附产品检验报告、产品合格证

签字栏	施工单位	北京××建设 工程有限公司	专业技术负责人	专业质检员	检测人
			李××	吴××	赵××
	监理(建设)单位	北京××监理有限责任公司		专业工程师	王××

本表由施工单位填写。

CMA 150100110064
认可有效期至:2021.11.08

CNAS 检测 L0811

No. 020-WXD16449

检 验 报 告
TEST REPORT

样品名称 Product	金属接线盒
型号规格 Model/Type	①86H70 ②86H50 ③86H60 ④86H80 ⑤86H90 ⑥86H100
委托单位 Applicant	北京东宏东升管道有限公司
标称生产单位 Manufacturer	北京东宏东升管道有限公司
检验类别 Type of Test	委托检验

北京市产品质量监督检验院
Beijing Products Quality Supervision and Inspection Institute

北京市产品质量监督检验院
Beijing Products Quality Supervision and Inspection Institute

检 验 报 告
TEST REPORT

No. 020-WXD16449 共 4 页 第 1 页

样品名称 Product	金属接线盒	检验类别 Type of Test	委托检验
型号规格 Model/Type	①86H70 ②86H50 ③86H60 ④86H80 ⑤86H90 ⑥86H100	商标 Trade Mark	东宏东升
生产日期 Manufactured Date	2016.3.1	样品数量 Samples Quantity	28 只
出厂编号 Serial Number	/	质量等级 Quality grade	合格品
委托单位 Applicant	北京东宏东升管道有限公司	联系电话 Tel.	13301043986
委托单位地址 Applicant Address	北京市丰台区新发地企业园 11 号	邮政编码 Zip Code	100070
标称生产单位 Manufacturer	北京东宏东升管道有限公司	抽/送样人 Sampled/delivered by	尹浩
来样日期 Application Date	2016-03-08	来样方式 Sampling Method	送样
抽样地点 Sampling Site	/	抽样基数 Population	/
检验依据 Ref.Documents	GB 17466.1-2008《家用和类似用途固定式电气装置电器附件安装盒和外壳 第1部分：通用要求》		
判定依据 Judgment Criteria	GB 17466.1-2008《家用和类似用途固定式电气装置电器附件安装盒和外壳 第1部分：通用要求》		
检验项目 Test items	尺寸、防触电保护、接地保护、结构等 6 项		
检验结论 Test Conclusion	所检项目符合 GB 17466.1-2008《家用和类似用途固定式电气装置电器附件安装盒和外壳 第1部分：通用要求》标准要求。	检验专用章 Issued by (Stamp) 签发日期：2016 年 月 日 Date of Is...	
备注 Remarks	1、样品状态：外观正常，样品完好。 2、样品分配：1#~3#样品检验，4#~28#样品备样。		

批准 Approved by: （签名） 审核 Inspected by: （签名） 编制 Organized by: 杨在举

124

检 验 报 告
TEST REPORT

No.020-WXD16449　　　　　　　　　　　　　　　　　　共 4 页 第 2 页

样 品 描 述 及 说 明

样品描述：

电器附件的类型：安装盒

材料性质：金属材料

安装方式：暗装、半暗装或嵌入式安装

　　　　定位

入（出）口类型：无入口，入口的开口将在安装时生成

按安装过程中的最低与最高温度：−5℃～+60℃

按浇注过程中的最高温度：+60℃

样品分配：

86H70	(1#～3#)主检样品，4#～8#样品
86H50	9#～12#样品
86H60	13#～16#样品
86H80	17#～20#样品
86H90	21#～24#样品
86H100	25#～28#样品

检验说明：

1、本次检验以 86H70 金属接线盒为主检样品，覆盖 6 个型号的样品：86H70（主检样品）、86H50、86H60、86H80、86H90、86H100。

2、本次检验以 86H70 金属接线盒为主检样品，其他型号样品的结构、材质都相同。差异部分是外形尺寸有区别，针对差异部分分别进行尺寸项目的检验，实测结果分别为：(75×75×50) mm，(75×75×60) mm，(75×75×80) mm，(75×75×90) mm，(75×75×100) mm。

检 验 报 告
TEST REPORT

No.020-WXD16449　　　　　　　　　　　　　　　　　　共 4 页 第 3 页

序号	检验项目	标准条款	技术要求	实测结果	单项判定
1	尺寸	9	安装盒和外壳应符合相关的标准页（如有）(75×75×70) mm	(75×75×70) mm	合格
2	防触电保护	10	安装盒和外壳应设计成，根据制造商产品说明书进行组装、装配、安装后，在正常使用情况下均不能触及带电部件	符合	合格
3	接地保护	11 11.1	带外露导电部件的安装盒和外壳	符合	合格
			带外露导电部件的安装盒和外壳必须提供一个低电阻的接地装置或其类似接地装置的保护部件。	符合	
			电阻不超过 0.05Ω (Ω)	0.002	
4	结构	12 12.8	通过机械冲击拆除的敲落进（出）孔	符合	合格
			对于导管和/或使用在密封圈或密封膜片上用的敲落进（出）孔而言，应在不损坏安装盒的情况下，可忽略小碎屑或毛刺	符合	
		12.8.1	敲落孔保持力	符合	
			对于安装盒和外壳安装后易触及的敲落孔，应将30N的力通过直径6mm扁平末端的心轴棒的装置施加到敲落孔 15s。该力撤去 1h 后，敲落孔应保持在正常位置上，外壳的防护等级应无变化。	符合	
		12.8.2	敲落孔的拆除	符合	
			试验后，除了导管和/或用密封圈或密封膜片的敲落孔外，其他敲落孔边缘应无毛刺，安装盒和外壳应无损坏	符合	
		12.10	安装盒和电器附件的固定	符合	
			容纳电器附件的安装盒应该根据安装方法提供带相应的配件的固定装置及电器件的保持装置，以防止在正常使用中安装盒与电器附件的分离	符合	
5	机械强度	15	安装盒和外壳应有足够的机械强度，能经受得住安装和使用过程中出现的机械应力	符合	合格

北京市产品质量监督检验院
Beijing Products Quality Supervision and Inspection Institute

检 验 报 告
TEST REPORT

序号	检验项目	标准条款	技 术 要 求	实测结果	单项判定
		15.3	安装盒和外壳的冲击试验	符合	
			进行冲击试验 —— A_100_mm高度冲击5次无损坏	符合	
6	防锈	20	安装盒和外壳的铁质部件应有足够的防锈能力	符合	合格
			试样浸入10%氯化铵水溶液10min，放进装有（20±5）℃的饱和水汽的盒子里10min，然后在（100±5）℃的烘箱里烘10min	符合	
			试样表面不得出现锈迹	符合	

以下空白

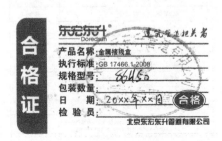

合格证

东宏东升 ® Doredsun

产品名称：金属接线盒
执行标准：GB 17466.1-2008
规格型号：8645₀
包装数量：
日　期：20××年××月　合格
检验员：
北京东宏东升普道有限公司

126

设备开箱检查记录 表 C4-7		资料编号	06-C4-7-××
工程名称	北京××大厦	检查日期	20××年××月××日
设备名称	低压成套配电柜	规格型号	MNS
生产厂家	北京市施必安华兴开关厂	产品合格证编号	AA1～12
总数量	12 台	检验数量	12 台

进场检验记录	
包装情况	包装完整良好，无损坏，设备规格型号标识明确
随机文件	出厂合格证、产品检验报告、产品试验报告、生产厂家资质证书
备件与附件	箱体连接用橡胶条、螺栓、螺母、垫片齐全，二次系统图齐全
外观情况	外观良好，无损坏锈蚀现象。柜内电器元件排列整齐，线束绑扎整齐
测试情况	绝缘电阻测试符合设计要求

缺、损附备件明细表					
序号	附配件名称	规格	单位	数量	备注

检验结论：

　　12 台低压 MNS 配电柜开箱检查，其包装情况、随机文件、备件与附件、外观情况及测试情况良好，符合施工图设计及《建筑电气工程施工质量验收规范》GB 50303—2015 的要求。12 台低压 MNS 配电柜内电器元件无损坏丢失，接线无脱落现象，铭牌标识齐全。设备开箱检查与验收合格。

　　附产品出厂检验报告、产品合格证

签字栏	建设（监理）单位	施工单位	供应单位
	王××	李××	李××

本表由施工单位填写。

北京市施必安华兴开关厂
成品检验记录（报告）

低压成套开关设备   例行检验：

工程名称			
产品名称型号	AA1-12		

	检验内容及标准		检验方式	检验结果
1	原件布置安装调整	原件安装布局合理，端正美观。原件规格型号符合图纸，调整值符合要求。		
2	紧固件镀层	螺钉紧固，螺纹露出1-8扣，镀层无损伤，铭牌安装正确牢固一致。	目测	合格
3	接地装置	标记牌，接地装置完整，标记清晰。	目测	合格
4	次配线/二次配线	配线符合容量要求、母线搭接平整、绝缘无损、压接牢固、母线支撑符合工艺、搪锡平整、色标正确。/接线正确美观；线束固定牢固；号线终端标记齐全、清晰；线头压接牢固；焊接无虚焊漏焊。	目测	一次配线/二次配线	合格
5	电气间隙爬电距离	电气间隙：63A以下≥8mm；63A以上≥10mm 爬电距离：63A以下≥10mm；63A以上≥12mm	盒尺钢板尺	合格
6	动作试验	手动操作五次操作机构动作灵活可靠、无失灵卡滞现象，按图纸通电实验动作符合原理要求。	手动试验车	合格
7	耐压试验	主电路承受2500V,5S无击穿、闪络现象。	工频耐压试验机	合格
8	绝缘电阻试验	电路与裸露导电部件之间、母条电路对地标称电压的绝缘电阻≥1000Ω/V。	绝缘电阻测试仪	合格
9	箱体检查	箱体表面无明显划痕，无杂物、无灰尘、喷漆均匀、喷界一致。	目测	合格
10	成套性	随机文件齐全，钥匙操作手柄齐全，备品备件齐全，现场安装母线齐全。	目测	合格

检验结论：合格

检验员	整1		时间	2015年3月16日

低压成套开关控制设备

Ⓒ ⓒⓒ 合格证

规   格   AA1低压柜

质 检 员

出厂日期 20XX年XX月XX日

本产品经检查试验符合
技术条件准予出厂

北京市施必安华兴开关厂

隐蔽工程检查记录 表 C5-1		资料编号	06-C5-1-××
工程名称	北京××大厦		
隐检项目	照明系统焊接钢管暗配	隐检日期	20××年××月××日
隐检部位	地下二层　4-15/S-N 轴线　－14.57m～－10.57m 标高		

隐检依据：施工图图号 电施-38 ，设计变更/洽商（编号 / ）及有关国家现行标准等。
主要材料名称及规格/型号：焊接钢管 SC20、焊接钢管 SC25、钢制 86 型接线盒

隐检内容：

　　1. 该部位照明系统使用 SC20、SC25 焊接钢管、钢制 86 型接线盒，其材质、规格、标高、位置符合施工图设计要求。

　　2. 管内壁已做好防腐处理，管进箱盒不大于 5mm，两根管以上进入箱盒间距均匀，排列整齐，管口与箱盒间采用专用锁母固定，管口端光滑无毛刺，并已封堵严密。

　　3. 管与管之间采用套管连接，套管的长度为管外径的 2.2 倍，两管置于套管中间位置，管口对齐严密，套管焊缝饱满，无流坠、夹渣、咬肉等缺陷。

　　4. 钢管弯曲半径大于管外径 10 倍，弯曲度小于 2.2 倍，且无凹扁现象。

　　5. 管与接线盒间采用 $\phi 6$ 圆钢焊接，其跨接长度为圆钢直径的 6 倍，双面施焊，焊缝饱满，无流坠、夹渣、咬肉等缺陷，焊药清理干净。

　　6. 管路的混凝土保护层厚度不小于 15mm。

　　隐检内容已做完，请予以检查。

影像资料的部位、数量：　　　　　　　　　　　　　　　　　　申报人：郭××

检查意见：
经检查，符合施工图设计及《建筑电气工程施工质量验收规范》GB 50303—2015 要求。

　　检查结论：　　　　☑同意隐蔽　　　　　　□不同意，修改后进行复查

复查结论：

　　复查人：　　　　　　　　　　　　　　　　　复查日期：

签字栏	施工单位	北京××建设工程有限公司	专业技术负责人	专业质检员	检测人
			李××	吴××	徐××
	监理（建设）单位	北京××监理有限责任公司		专业工程师	王××

本表由施工填写，并附影像资料。

隐蔽工程检查记录 表 C5-1		附件	影像资料
工程名称	北京××大厦		
隐检项目	照明系统焊接钢管暗配	隐检日期	20××年××月××日
隐检部位	地下二层　4-15/S-N轴线　－14.57m～－10.57m标高		

拍摄照片：

拍摄人员：吴××
拍摄时间：××时：××分
拍摄地点：地下二层
隐检部位：4-15/S-N轴

本影像资料表格与隐蔽工程检查记录一并存档。

130

隐蔽工程检查记录 表 C5-1		资料编号	06-C5-1-××
工程名称	北京××大厦		
隐检项目	人防照明系统镀锌钢管暗配	隐检日期	20××年××月××日
隐检部位	地下二层 1A-7/S-G 轴线 －9.90m 标高		

隐检依据：施工图图号 人防电施-12 ，设计变更/洽商（编号＿＿＿＿＿＿＿＿／＿＿＿＿＿＿＿＿）及有关国家现行标准等。

　　主要材料名称及规格/型号：镀锌钢管 RC20、钢制 86 型接线盒

隐检内容：

　　1. 该部位人防照明系统使用镀锌钢管 RC20、钢制 86 型接线盒，其材质、规格、标高、位置符合施工图设计要求。

　　2. 管进箱盒不大于 5mm，两根管以上进入箱盒间距均匀，排列整齐，管口与箱盒间采用专用锁母固定，管口端光滑无毛刺，并已封堵严密。

　　3. 镀锌钢管镀锌层完整无锈蚀现象，管与管连接使用镀锌通丝管箍，连接牢固。接地线采用 BVR-4mm² 多股软铜芯线，两端涮锡，一端用接线鼻子压接在接线盒上，一端采用专用接地卡固定，管箍处用 BVR-4mm² 多股软铜芯线跨接，两端涮锡，用专用接地卡固定在管箍两侧的管上；螺杆、螺母、垫圈等珺采用镀锌件。

　　4. 镀锌钢管弯曲半径大于管外径 10 倍，弯曲度小于 2.2 倍，且无凹扁现象。

　　5. 镀锌管路的混凝土保护层厚度不小于 15mm。

　　隐检内容已做完，请予以检查。

　　影像资料的部位、数量：

申报人：郭××

检查意见：

　　经检查，符合施工图设计及《建筑电气工程施工质量验收规范》GB 50303—2015 要求。

　　检查结论：☑同意隐蔽　　　　　　　　□不同意，修改后进行复查

复查结论：

　　复查人：　　　　　　　　　　　　　　复查日期：

签字栏	施工单位	北京××建设工程有限公司	专业技术负责人	专业质检员	检测人
			李××	吴××	徐××
	监理（建设）单位	北京××监理有限责任公司	专业工程师		王××

本表由施工填写，并附影像资料。

隐蔽工程检查记录 表 C5-1	附件	影像资料
工程名称	北京××大厦	
隐检项目	人防照明系统镀锌钢管暗配	隐检日期	20××年××月××日
隐检部位	地下二层　1A-7/S-G轴线　−9.90m标高	

拍摄照片：

拍摄人员：吴××

拍摄时间：××时：××分

拍摄地点：地下二层

隐检部位：5-6/S-Q轴

拍摄照片：

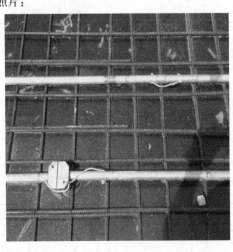

拍摄人员：吴××

拍摄时间：××时：××分

拍摄地点：地下二层

隐检部位：8-9/M-K轴

本影像资料表格与隐蔽工程检查记录一并存档。

隐蔽工程检查记录 表 C5-1		资料编号	06-C5-1-××
工程名称	北京××大厦		
隐检项目	照明系统（二次配管）	隐检日期	20××年××月××日
隐检部位	三层　1-19/A-D轴线　11.07m 标高		

隐检依据：施工图图号 电施-48 　　　，设计变更/洽商（编号　　　/　　　）及有关国家现行标准等。

主要材料名称及规格/型号：JDG 紧定式钢导管 φ20、钢制 86 型接线盒

隐检内容：

　　1. 该部位使用 JDG 紧定式钢导管 φ20、钢制 86 接线盒，其材质、规格、标高、位置符合施工图设计要求。

　　2. 套接紧定式钢导管电线管路连接用的紧定部件应配套，且应采用专用工具操作。管路连接处宜涂以电力复合酯或采取有效的封堵措施。

　　3. 套接紧定式钢导管电线管路连接处，两侧连接的管口应平整、光滑、无毛刺、变形。采用有螺纹紧定型紧定时，旋紧螺钉至螺母脱落，且不以其他方式折断螺母。

　　4. 套接紧定式钢导管电线管路紧定连接后，连接处无松动、脱落、缝隙过大等缺陷。

　　5. 套接紧定式钢导管电线管路与接线盒体连接时，均为一孔一管，管径与接线盒敲落孔均连接吻合。管与接线盒的连接处均采用爪型螺母，并与螺纹管接头锁紧。

　　隐检内容已做完，请予以检查。

影像资料的部位、数量：　　　　　　　　　　　　　　　　申报人：郭××

检查意见：

　　经检查，符合施工图设计及《建筑电气工程施工质量验收规范》GB 50303—2015 要求。

　　检查结论：☑同意隐蔽　　　　　　　□不同意，修改后进行复查

复查结论：

复查人：　　　　　　　　　　　　　　　复查日期：

签字栏	施工单位	北京××建设工程有限公司	专业技术负责人	专业质检员	检测人
			李××	吴××	徐××
	监理(建设)单位	北京××监理有限责任公司		专业工程师	王××

本表由施工填写，并附影像资料。

隐蔽工程检查记录 表 C5-1		附件	影像资料
工程名称		北京××大厦	
隐检项目	照明系统（二次配管）	隐检日期	20××年××月××日
隐检部位		三层　1-19/A-D轴线　11.07m 标高	

拍摄照片：

拍摄人：吴××

拍摄时间：××时：××分

拍摄地点：三层

工程部位：1-19/A-G轴

本影像资料表格与隐蔽工程检查记录一并存档。

隐蔽工程检查记录 表 C5-1		资料编号	06-C5-1-××
工程名称		北京××大厦	
隐检项目	防雷引下线	隐检日期	20××年××月××日
隐检部位	地下二层 2-1～2-9/2-A～2-J轴线 －21.300m 标高		

隐检依据：施工图图号 <u>电施-68　电施-69</u> ，设计变更/洽商（编号 <u>　　　　　　　／　　　　　　</u>）及有关国家现行标准等。

主要材料名称及规格/型号： <u>－40×4 热镀锌扁钢</u>

隐检内容：

　　1. 本工程防雷接地、保护接地、工作接地共用同一接地装置，接地装置的位置，材质规格和敷设要求符合施工图设计及规范要求。

　　2. 利用土建底板钢筋网作为水平接地体，在建筑物四周－0.8m 处，用 40×4 的镀锌扁钢与水平接地体焊接，并与散水外预理接地极焊接，焊接处利用沥青做防腐处理。利用土建主体结构柱内对角两根主筋焊接做垂直接地体，并与屋面的接闪带做可靠焊接。

　　3. 接地装置的焊接应采用搭接焊，圆钢与圆钢搭接长度为圆钢直径的 6 倍，双面施焊；圆钢与扁钢搭接为圆钢直径的 6 倍，双面施焊。焊缝处均匀饱满、无虚焊、漏焊、夹渣、咬肉等缺陷。焊接完成后对垂直方向的钢筋用红色油漆做标识，避免错位焊接。

　　4. 接地电阻实测值为 0.5Ω，满足施工图 0.1Ω 的设计要求。

　　隐检内容已做完，请予以检查。

　　影像资料的部位、数量：

　　　　　　　　　　　　　　　　　　　　　　　　　　　申报人：郭××

检查意见：

　　经检查，符合施工图设计及《建筑电气工程施工质量验收规范》GB 50303—2015 要求。

　　检查结论：☑同意隐蔽　　　　　　　□不同意，修改后进行复查

复查结论：

　　复查人：　　　　　　　　　　　　　　　复查日期：

签字栏	施工单位	北京××建设工程有限公司	专业技术负责人	专业质检员	检测人
			李××	吴××	徐××
	监理(建设)单位	北京××监理有限责任公司		专业工程师	王××

本表由施工填写，并附影像资料。

隐蔽工程检查记录 表 C5-1		附件	影像资料
工程名称		北京××大厦	
隐检项目	防雷引下线	隐检日期	20××年××月××日
隐检部位		地下二层　2-1～2-9/2-A～2-J轴线　－21.300m标高	

拍摄照片：

拍摄人：吴××
拍摄时间：××时：××分
拍摄地点：地下二层
工程部位：1-19/A-G轴

本影像资料表格与隐蔽工程检查记录一并存档。

隐蔽工程检查记录 表 C5-1		资料编号	06-C5-1-×××
工程名称	北京××大厦		
隐检项目	等电位联结	隐检日期	20××年××月××日
隐检部位	地下一层　1-1~1-9/1-H~1-G 轴线　－5.200m~±0.000m 标高		

隐检依据：施工图图号 电施-68　　　　　，设计变更/洽商（编号　　　　　/　　　　　）及有关国家现行标准等。

主要材料名称及规格/型号：50×5 镀锌扁钢、50×5L 型镀锌卡子、膨胀螺栓 M6

隐检内容：

1. 该部位使用 50×5 镀锌扁钢、50×5L 型镀锌卡子、膨胀螺栓 M6，其材质、规格、标高、位置符合施工图设计要求。

2. 利用 50×5 镀锌扁钢沿地下一层墙面水平敷设一圈，作为总等电位环形带，各进出户金属管道均采用 50×5 镀锌扁钢焊接，与环形总等电位联结。扁钢与扁钢搭接为扁钢宽度的 2 倍，三面施焊，焊接处焊缝饱满，焊药均已清除干净，无夹渣、咬肉等缺陷，50×5 镀锌扁钢焊缝均采用沥青防腐处理。

3. 总等电位联结带距顶板 0.5m，支持件采用 50×5 的 L 形镀锌卡子、膨胀螺栓与墙面进行固定，T 型镀锌卡子、膨胀螺栓的配件适配齐全。支持件的间距为 1.5m，距墙面的间距为 0.1m，符合施工图设计要求。

隐检内容已做完，请予以检查。

影像资料的部位、数量：

申报人：郭××

检查意见：

经检查，符合施工图设计及《建筑电气工程施工质量验收规范》GB 50303—2015 要求。

检查结论：☑同意隐蔽　　　　　□不同意，修改后进行复查

复查结论：

复查人：　　　　　　　　　　　　复查日期：

签字栏	施工单位	北京××建设工程有限公司	专业技术负责人	专业质检员	检测人
			李××	吴××	徐××
	监理(建设)单位	北京××监理有限责任公司	专业工程师		王××

本表由施工填写，并附影像资料。

隐蔽工程检查记录 表 C5-1	附件	影像资料
工程名称	北京××大厦	
隐检项目	等电位联结	隐检日期	20××年××月××日
隐检部位	地下一层　1-1～1-9/1-H～1-G轴线　－5.200m～±0.000m 标高	

拍摄照片：

拍摄人：吴××
拍摄时间：××时：××分
拍摄地点：地下一层
工程部位：1-1～1-9/1-H～1-G轴

本影像资料表格与隐蔽工程检查记录一并存档。

隐蔽工程检查记录 表 C5-1		资料编号	06-C5-1-××
工程名称	北京××大厦		
隐检项目	电缆桥架安装	隐检日期	20××年××月××日
隐检部位	一层 3-9～3-18/3-E～3-G轴线 3.6m标高		

隐检依据：施工图图号 电施-87 ，设计变更/洽商（编号 / ）
及有关国家现行标准等。

主要材料名称及规格/型号：镀锌桥架 300×100、镀锌桥架 200×100、－25×4 镀锌扁钢

隐检内容：

1. 电缆桥架的材质、规格、标高、位置符合施工图设计要求。

2. 桥架采用连接板连接固定，螺栓齐全，固定螺母在桥架外侧，螺母紧固，桥架连接处经过处理，平整无毛刺。

3. 桥架吊架采用φ12圆钢、横担采用40×4镀锌角钢，吊架与横担间螺母紧固，桥架固定牢固。

4. 桥架直线段敷设长度大于30m，已设置伸缩节，符合规范要求。

5. 电缆桥架水平安装的支架间距为1.5～3m，垂直安装的支架间距不大于2m。

6. 沿桥架外侧通长敷设25×4的镀锌扁钢作为接地干线与竖井内预留的接地干线作可靠焊接，形成良好的电气通路，扁钢与扁钢搭接为扁钢宽度的2倍，且三面施焊，焊缝饱满，无夹渣、咬肉等缺陷，焊缝处清除干净。

隐检内容已做完，请予以检查。

影像资料的部位、数量：

申报人：郭××

检查意见：

经检查，符合施工图设计及《建筑电气工程施工质量验收规范》GB 50303—2015 要求。

检查结论：☑同意隐蔽　　　　　　　□不同意，修改后进行复查

复查结论：

复查人：　　　　　　　　　　　　　　　复查日期：

签字栏	施工单位	北京××建设工程有限公司	专业技术负责人	专业质检员	检测人
			李××	吴××	徐××
	监理（建设）单位	北京××监理有限责任公司	专业工程师		王××

本表由施工填写，并附影像资料。

隐蔽工程检查记录 表 C5-1		附件	影像资料
工程名称		北京××大厦	
隐检项目	电缆桥架安装	隐检日期	20××年××月××日
隐检部位		一层　3-9～3-18/3-E～3-G轴线　3.6m标高	

拍摄照片：

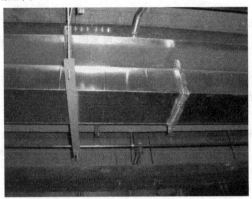

拍摄人：吴××
拍摄时间：××时：××分
拍摄地点：一层
工程部位：吊顶内 3-9～3-18/3-E～3-G轴

拍摄照片：

拍摄人：吴××
拍摄时间：××时：××分
拍摄地点：一层
工程部位：吊顶内 3-9～3-18/3-E～3-G轴

本影像资料表格与隐蔽工程检查记录一并存档。

工序交接检查记录 表C5-2		资料编号	06-C5-2-××
工程名称		北京××大厦	
移交单位	北京××建设工程有限公司	接受单位	北京××机电安装有限公司
交接部位	变配电室	交接检查日期	20××年××月××日

工序交接检查内容：

    1 变压器、高低压成套配电柜进线套管等安装就位，经检查合格后，方可安装变压器和高低压成套配电柜；

    2 土建结构封顶、室内墙面、地面施工完毕，建筑垃圾清理干净，方可安装母线槽、梯架、托盘，避免对成品造成污染；

    3 配电间金属栅栏门已安装完毕，方可采用裸编织铜线与接地干线可靠连接。

检查结果：

    经移交单位、接受单位和监理单位三方共同检查，变配电室已具备安装变压器、高低压成套配电柜、母线槽、梯架、托盘和接地干线条件，移交单位预留洞口标高、位置及几何尺寸符合施工图设计要求，移交单位完成的作业内容满足接受单位日后建筑电气工程作业的需求，符合《建筑电气工程施工质量验收规范》GB 50303—2015 要求。

复查意见：

复查人：   复查日期：

签字栏	移交单位	北京××建设工程有限公司	接收单位	北京××机电安装有限公司
	移交人员	李××	接收人员	吴××

本表由移交单位填写。

施工过程检查记录 表 C5-3		资料编号	06-C5-3-××
工程名称	北京××大厦	检查项目	电源进户管
检查部位	地下一层	检查日期	20××年××月××日

检查依据：

北京××大厦电施-3 图及《建筑电气工程施工质量验收规范》GB 50303—2015

检查内容：

    1. 电力电缆进户管位置在地下一层①～⑨- Ⓐ～ Ⓟ轴线墙体，进户管中线距±0.00 标高为 －1.2m。

    2. 电力电缆进户管为 6×SC125，止水钢板为 10mm，焊接钢管与止水钢板焊缝应均匀饱满密实，无夹渣咬肉缺陷。

    3. 6×SC125 进户管内外端口均打喇叭口，内部涂刷两遍防锈漆，外部涂刷沥青油两遍，10mm 止水钢板与防雷接地装置做可靠连接，所有管口均用填料封堵严实。

    4. 电力电缆进户管沿水平方向，向下倾斜 5°，防止渗水沿电力电缆进入配电室。

检查意见：

    经检查，符合施工图设计及《建筑电气工程施工质量验收规范》GB 50303—2015 要求。

复查意见：

复查人：　　　　　　　　　　　　　　　　　复查日期：

施工单位	北京××建设工程有限公司	
专业技术负责人	专业质检员	专业工长
李××	吴××	徐××

本表由施工单位填写。

施工过程检查记录 表 C5-3		资料编号	06-C5-3-××
工程名称	北京××大厦	检查项目	开关、插座安装
检查部位	A座2段3层	检查日期	20××年××月××日

检查依据：

北京××大厦电施 26 图及《建筑电气工程施工质量验收规范》GB 50303—2015

检查内容：

1. 开关、插座的规格型号选型，其标高、位置符合施工图设计要求。
2. 接线盒内杂物应清理干净，四周收口方正。
3. 开关、插座面板安装平正、牢固紧贴墙面，四周无缝隙，表面清洁，无划伤痕迹，装饰帽齐全。
4. 开关面板开启方向正确，灵敏可靠，且所控灯具位置一一相对应。
5. 经相位测试仪检测，插座面板的零线、相线、接地保护线连接正确。

检查意见：

经检查：符合施工图设计及《建筑电气工程施工质量验收规范》GB 50303—2015 的要求。

复查意见：

复查人：   复查日期：

施工单位	北京××建设工程有限公司		
专业技术负责人	专业质检员		专业工长
李××	吴××		徐××

本表由施工单位填写。

施工过程检查记录 表 C5-3		资料编号	06-C5-3-××
工程名称	北京××大厦	检查项目	标准间户箱
检查部位	B座1段12层	检查日期	20××年××月××日

检查依据：

    北京××大厦电施47图及《建筑电气工程施工质量验收规范》GB 50303—2015

检查内容：

    1. 照明配电箱的规格、型号、标高、位置符合施工图设计要求。

    2. 照明配电箱安装牢固，垂直度小于1.5‰，照明配电箱底边距地面为1.8m。

    3. 箱内分别设置零线（N）和保护地线（PE）汇流排，零线和保护地线经汇流排配出。

    4. 箱内小型断路器开关动作灵活可靠。漏电保护器动作电流不大于30mA，动作时间不大于0.1s，断路器、漏电保护器与轨道连接牢固。

    5. 箱内配线整齐，无绞接现象。相线（L1/L2/L3）、零线（N）和保护地线（PE）绝缘保护层颜色正确。

    6. 垫圈下的内六角螺栓压接的导线牢固，盘圈无外露现象，防松垫圈齐全。

    7. 照明箱门内侧附二次接线图。

检查意见：

    经检查：符合施工图设计及《建筑电气工程施工质量验收规范》GB 50303—2015 的要求。

复查意见：

    复查人：   复查日期：

施工单位	北京××建设工程有限公司	
专业技术负责人	专业质检员	专业工长
李××	吴××	徐××

本表由施工单位填写。

施工过程检查记录 表 C5-3		资料编号	06-C5-3-××
工程名称	北京××大厦	检查项目	屋面接闪带
检查部位	屋面	检查日期	20××年××月××日

检查依据：

　　北京××大厦电施 87 图及《建筑电气工程施工质量验收规范》GB 50303—2015

检查内容：

　　1. 本工程屋面接闪带选用 φ12 热镀锌圆钢，材质、规格、位置符合施工图设计要求。

　　2. 支架固定间距，转角处为 300mm，直线段平整顺直，固定可靠，每个支架经弹簧拉力器垂直拉力试验均大于 49N。

　　3. 建筑物屋面的接闪器、接闪带与机电设备的基础、过人扶梯的金属部分连成一个整体的电气通路，且与防雷引下线做可靠连接。

　　4. 接闪网均与防雷引下线可靠焊接，采用双面焊接，搭接长度为圆钢直径的 6 倍。焊接牢固，焊缝饱满，无夹渣、咬肉、虚焊等缺陷。所有焊缝处均已做好防腐处理。

　　5. 女儿墙上敷设的接闪带跨越建筑物的沉降缝，设置有补偿装置。

　　6. 屋面建筑电气施工图设计的防雷引下线的位置均采用白底黑色标识，数量经核对无误，符合电气工程施工图的设计要求。

检查意见：

　　经检查，符合施工图设计及《建筑电气工程施工质量验收规范》GB 50303—2015 的要求。

复查意见：

复查人：　　　　　　　　　　　　　　　　　　复查日期：

施工单位	北京××建设工程有限公司	
专业技术负责人	专业质检员	专业工长
李××	吴××	徐××

本表由施工单位填写。

施工过程检查记录 表 C5-3		资料编号	06-C5-3-××
工程名称	北京××大厦	检查项目	防雷接地测试点
检查部位	室外地坪 0.5m 处	检查日期	20××年××月××日

检查依据：

  北京××大厦电施 89 图及《建筑电气工程施工质量验收规范》GB 50303—2015

检查内容：

  1. 本工程防雷接地测试点采用 25mm×4mm 热镀锌扁钢，材质、规格、位置符合施工图设计要求。

  2. 热镀锌扁钢与防雷引下线做可靠焊接，采用双面焊接，搭接长度为圆钢直径的 6 倍。焊接牢固，焊缝饱满，无夹渣、咬肉、虚焊等缺陷。

  3. 接地电阻测试点应设置在暗箱内，且有明显标识，箱底边距室外地坪 0.5m。箱门开启灵活，设有钥匙，并可防止雨水进入箱内。

  4. 相关附件如：镀锌螺杆、镀锌弹簧垫片、镀锌平光垫片、镀锌燕尾螺母齐全。

  5. 测试接地装置的接地电阻为 0.5Ω，符合施工图设计要求。

检查意见：

  经检查：符合施工图设计及《建筑电气工程施工质量验收规范》GB 50303—2015 的要求。

复查意见：

  复查人：   复查日期：

施工单位	北京××建设工程有限公司	
专业技术负责人	专业质检员	专业工长
李××	吴××	徐××

本表由施工单位填写。

146

施工过程检查记录 表 C5-3		资料编号	06-C5-3-××
工程名称	北京××大厦	检查项目	电气竖井内电缆敷设
检查部位	B座1段12层	检查日期	20××年××月××日

检查依据：

　　北京××大厦电施 52 图及《建筑电气工程施工质量验收规范》GB 50303—2015

检查内容：

　　1. 电气竖井内安装电缆桥架，电缆桥架内电力电缆应排布顺直，间距设置合理。卡具与电缆桥架横担相适配。

　　2. 电缆支持点间距：全塑型电力电缆水平敷设为 400mm，垂直敷设为 1000mm。

　　3. 电缆桥架外侧敷设一条 40×4mm 通长的镀锌扁钢，与综合接地装置做可靠连接。

　　4. 电缆的首端、末端和分支处均设置有标识牌，标识牌注明电力电缆的规格型号、用途，且标识牌采用塑封袋密封，防止潮气侵蚀。

　　5. 电缆桥架穿越电气竖井底板时，设置有挡水台。防止积水进入电缆桥架，发生电化学反应，对电缆桥架防火涂层的破坏。

　　6. 电缆桥架穿越电气竖井顶板时，设置有金属网起到支撑的作用，防止防火枕坠落。

检查意见：

　　经检查：符合施工图设计及《建筑电气工程施工质量验收规范》GB 50303—2015 的要求。

复查意见：

　　复查人：　　　　　　　　　　　　　　　　　　　　复查日期：

施工单位	北京××建设工程有限公司	
专业技术负责人	专业质检员	专业工长
李××	吴××	徐××

本表由施工单位填写。

施工过程检查记录 表 C5-3		资料编号	06-C5-3-××
工程名称	北京××大厦	检查项目	槽式电缆桥架安装
检查部位	B座1段地下一层配电室	检查日期	20××年××月××日

检查依据：

  北京××大厦电施图-39、电施图-40、电施图-41 及《建筑电气工程施工质量验收规范》GB 50303—2015

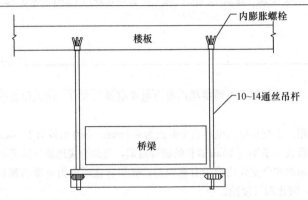

检查内容：

  1. 槽式电缆桥架（CQ1-C）的规格型号、安装位置、标高符合施工图设计及规范要求，表面无污染现象。

  2. 金属电缆桥架及其支架全长，与接地（PE）干线相连接为2处，确保整个桥架为一个电气通路。

  3. 电缆桥架水平安装吊杆为12♯圆钢，横担为 $50 \times 50 \times 50$ 角钢；垂直安装为 $100 \times 40 \times 5.3$ 的支撑槽钢。如上图所示。

  4. 槽式电缆桥架间连接的两端跨接铜芯接地线截面积不小于 $4mm^2$。

  5. 槽式电缆桥架间连接板的两端设置2个有防松螺帽，防松螺帽、防松垫圈与螺栓连接可靠。

  6. 槽式电缆桥架安装时，整体结构横平竖直，水平安装支架间距不大于3m水平安装时距地面安装高度不小于 2.2m；垂直安装支撑间距不大于2m。

  7. 槽式电缆桥架的电缆排列整齐，电缆的直线端每隔5m、电缆的首尾两端和电缆的转弯两侧均采用尼龙绑扎带与电缆桥架骨架进行固定。

  8. 槽式电缆桥架内的电缆的首端、末端和分支处均设置标识牌。

  9. 槽式电缆桥架穿越墙体、顶板时均采用防火材料进行封堵隔离。

检查意见：

  符合施工图设计及 GB 50303—2015《建筑电气工程施工质量验收规范》的要求。

复查意见：
  复查人：   复查日期：

施工单位	北京××建设工程有限公司	
专业技术负责人	专业质检员	专业工长
李××	吴××	徐××

  本表由施工单位填写。

施工过程检查记录 表 C5-3		资料编号	06-C5-3-××
工程名称	北京××大厦	检查项目	照明配电箱安装
检查部位	B座1段地上十层竖井	检查日期	20××年××月××日

检查依据：

北京××大厦电施图-19、电施图-20 及《建筑电气工程施工质量验收规范》GB 50303—2015

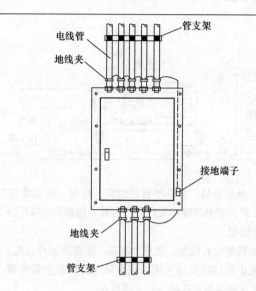

电线管　　管支架
地线夹
接地端子
地线夹
管支架

检查内容：

1. 照明配电箱（AL-12）的规格型号、安装位置、标高符合施工图设计及规范要求，箱体表面无污染现象。

2. 根据预留洞尺寸，核对箱体的位置、标高及空间安装尺寸。根据箱体的实际位置，核对入箱焊接钢管的长短合适、间距均匀、排列整齐等。如上图所示。

3. 根据支路管路的位置用液压开孔器对箱体进行开孔，焊接钢管与箱体孔洞均适配，管路排列整齐，管路间采用管箍连接，管路端口与箱体间采用金属锁母连接，连接牢固。

4. 采用$\phi 6$ 圆钢对 8 根 SC20 焊接钢管做跨拉线，双面施焊，焊缝饱满，无夹渣、咬肉等缺陷。

5. 对箱体表面做好成品保护，箱体周边用水泥砂浆填实抹平，外墙采用金属网固定抹灰。

检查意见：

符合施工图设计及《建筑电气工程施工质量验收规范》GB 50303—2015 的要求。

检查意见：
复查人：　　　　　　　　　　　　　　　　　　复查日期：

施工单位	北京××建设工程有限公司	
专业技术负责人	专业质检员	专业工长
李××	吴××	徐××

本表由施工单位填写。

施工过程检查记录 表 C5-3		资料编号	06-C5-3-××
工程名称	北京××大厦	检查项目	生活水泵电动机接线
检查部位	B座1段地下一层水箱间	检查日期	20××年××月××日

检查依据：

北京××大厦电施图-28、电施图-29及《建筑电气工程施工质量验收规范》GB 50303—2015

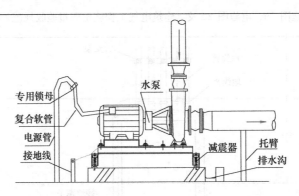

检查内容：

1. 生活水泵（QZW-100）规格型号，基础平台的位置、标高，减震装置符合施工图设计和规范的要求。产品质量合格证、安装说明书等随机文件齐全有效，随箱附带零配件等与清单相符，设备外观完好、无损伤、损坏和锈蚀情况。

2. 生活水泵基础平台和地脚螺栓孔位置、坐标、标高，减震装置符合施工图设计要求。

3. 电源保护管端口至水泵电机接线盒间采用可挠金属电源保护套管连接，保护管连接处、电机接线盒连接处均采取可靠防水连接件与之连接。如上图所示。

4. 采用可挠金属电源保护套管连接水泵电机时，长度均不大于0.8m，施工时宜将可挠金属电源保护套管在适当位置固定。可挠金属电源保护套管的防水连接件应适配，连接牢固。

5. 基础槽钢找平找正后将斜垫铁点焊固定，水泵电机底座与基础槽钢采用机械方式连接，拧紧地脚螺栓并设置防松装置。

6. 利用基础槽钢可就近与镀锌扁钢做可靠接地，且接地、工件区域标识清晰。

检查意见：

符合施工图设计及《建筑电气工程施工质量验收规范》GB 50303—2015的要求。

复查意见：
　　复查人：　　　　　　　　　　　　　　复查日期：

施工单位	北京××建设工程有限公司	
专业技术负责人	专业质检员	专业工长
李××	吴××	徐××

本表由施工单位填写。

施工过程检查记录 表 C5-3		资料编号	06-C5-3-××
工程名称	北京××大厦	检查项目	动力配电柜安装
检查部位	B座1段地下一层配电室	检查日期	20××年××月××日

检查依据：

北京××大厦电施图-53、电施图-54、电施图-55 及 GB 50303—2015《建筑电气工程施工质量验收规范》

北⊖

	800	800	800	800	800	
	3A1P8-1	3A1P8-2	3A1P8-3	3A1P6-1	3A1P8-2	

检查内容：

1. 成套配电柜（3A1P6-1、3A1P6-2、3A1P8-1、3A1P8-2、3A1P8-3）规格型号、基础位置符合施工图设计要求，柜体表面无划痕、污染现象。如上图所示。

2. 10#基础槽钢全长安装不直度允许偏差值不大于5mm，10#基础槽钢全长安装不直度实测偏差值为2mm。

3. 10#基础槽钢全长安装不平度允许偏差值不大于5mm，10#基础槽钢全长安装不平度实测偏差值为3mm。

4. 10#基础槽钢全长安装不平行度允许偏差值不大于5mm，10#基础槽钢全长安装不平行度实测偏差值为3mm。

5. 成列配电柜顶部水平度允许偏差值不大于5mm，实测偏差值为2mm；成列配电柜垂直度允许偏差值不大于1.5‰，实测偏差值为0.8‰。

6. 找平找正后将斜垫铁点焊固定，成列配电柜与基础型钢应用镀锌螺栓连接，防松零件齐全。

7. 二次线绑扎成束、标识清晰，电器元件布局合理、安装牢固，二次线系统图粘贴于柜体门内侧。

8. 柜成列配电柜底部与基础型钢做可靠接地；装有电器的可开门与框架间采用裸编织铜线连接，且有标识清晰。

检查意见：

符合施工图设计及《建筑电气工程施工质量验收规范》GB 50303—2015 的要求。

复查意见：

复查人：   复查日期：

施工单位	北京××建设工程有限公司	
专业技术负责人	专业质检员	专业工长
李××	吴××	徐××

本表由施工单位填写。

施工过程检查记录 表 C5-3		资料编号	06-C5-3-××
工程名称	北京××大厦	检查项目	电源配电柜安装
检查部位	B座1段地下二层泵房	检查日期	20××年××月××日

检查依据：

北京××大厦电施图-51、电施图-52及《建筑电气工程施工质量验收规范》GB 50303—2015

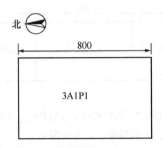

北

800

3A1P1

检查内容：

1. 成套配电柜（3A1P1）规格型号、基础位置符合施工图设计要求，柜体表面无划痕、污染现象。如上图所示。

2. 10♯基础槽钢全长安装不直度允许偏差值不大于1mm，10♯基础槽钢全长安装不直度实测偏差值为0.6mm。

3. 10♯基础槽钢全长安装不平度允许偏差值不大于1mm，10♯基础槽钢全长安装不平度实测偏差值为0.3mm。

4. 成套配电柜顶部水平度允许偏差值不大于5mm，实测偏差值为2mm；成套配电柜垂直度允许偏差值不大于1.5‰，实测偏差值为0.4‰。

5. 找平找正后将斜垫铁点焊固定，成套配电柜与基础型钢应用镀锌螺栓连接，防松零件齐全。

6. 二次线绑扎成束、标识清晰，电器元件布局合理、安装牢固，二次线系统图粘贴于柜体门内侧。

7. 成套配电柜底部与基础型钢做可靠接地；装有电器的可开门与框架间采用裸编织铜线连接，且有标识清晰。

检查意见：

符合施工图设计及《建筑电气工程施工质量验收规范》GB 50303—2015 的要求。

复查意见：

复查人：　　　　　　　　　　　　　　　　　　　　复查日期：

施工单位	北京××建设工程有限公司	
专业技术负责人	专业质检员	专业工长
李××	吴××	徐××

本表由施工单位填写。

施工过程检查记录 表 C5-3		资料编号	06-C5-3-××
工程名称	北京××大厦	检查项目	干式变压器安装
检查部位	B座1段地下一层配电室	检查日期	20××年××月××日

检查依据：

北京××大厦电施图-72、电施图-73及《建筑电气工程施工质量验收规范》GB 50303—2015

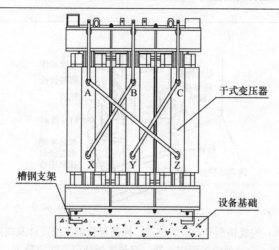

检查内容：

1. 干式变压器（SCB-1250kVA）的规格型号，基础平台的位置、标高符合施工图设计和规范的要求。产品质量合格证、出厂试验记录等随机文件齐全有效，随箱附带零配件等与清单相符。

2. 干式变压器基础平台和地脚螺栓孔位置、坐标、标高符合施工图设计要求。

3. 干式变压器绝缘件无缺损、裂纹，充油部分无渗漏现象，充气高压设备气压指示正常，涂层完整。

4. 干式变压器的输入、输出三相电源线按变压器接线板母线颜色黄、绿、红分别接A相、B相、C相，零线应与变压器压器中性零线相接，接地线、变压器外壳以及变压器中心点相连接。输入输出线检查正确无误。

5. 基础槽钢放置在混凝土基础上，找平找正后将斜垫铁点焊固定。变压器就位调整好后，拧紧地脚螺栓并设有防松装置。如上图所示。

6. 变压器保护系统的开关、熔丝工作正常，避雷器安装正确；变压器监视装置的测量仪表无损坏，指示范围适当；变压器的绝缘电阻符合设计要求。

7. 接地装置引出的接地干线与变压器的低压侧中性点直接连接，变压器箱体外壳做保护接地，且标识清晰。

检查意见：

符合施工图设计及《建筑电气工程施工质量验收规范》GB 50303—2015的要求。

复查意见：
复查人：　　　　　　　　　　　　　　　　　　　　　　　　复查日期：

施工单位	北京××建设工程有限公司	
专业技术负责人	专业质检员	专业工长
李××	吴××	徐××

本表由施工单位填写。

施工过程检查记录 表 C5-3		资料编号	06-C5-3-××
工程名称	北京××大厦	检查项目	封闭式母线安装
检查部位	B座1段十二层竖井	检查日期	20××年××月××日

检查依据：

北京××大厦电施图-42、电施图-43、电施图-44及《建筑电气工程施工质量验收规范》GB 50303—2015

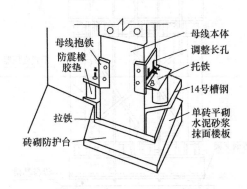

检查内容：

1. 封闭式母线（1250A）的规格型号，安装位置、标高符合施工图设计及规范要求。

2. 封闭式母线垂直安装，沿墙处设置固定支架，穿越楼板处设置防震装置，并做防水台，如上图所示。

3. 母线与外壳应同心，其误差均不超过5mm；母线段与母线段连接后，母线及母线外壳均未受到机械应力。

4. 在封闭式母线整体安装前做绝缘试验，用2500V兆欧表测量相间、相壳间，其绝缘电阻不得小于20MΩ。

5. 封闭式母线水平安装吊杆为12♯圆钢，横担为50×50×50角钢；垂直安装为100×40×5.3的支撑槽钢。

6. 封闭式母线安装时，整体结构横平竖直，水平安装支架间距不大于2.5m水平安装时距地面安装高度不小于2.2m；垂直安装支撑间距不大于3.6m。

7. 封闭式母线穿越墙体、顶板时均采用防火材料进行封堵隔离。

8. 封闭式母线槽的始端、中端、终端及通道壳体间应可靠接地，应在两段之间的接地螺栓上用裸编织铜线连接，确保形成一个电气通道。

检查意见：

符合施工图设计及《建筑电气工程施工质量验收规范》GB 50303—2015的要求。

复查意见：

复查人： 复查日期：

施工单位	北京××建设工程有限公司	
专业技术负责人	专业质检员	专业工长
李××	吴××	徐××

本表由施工单位填写。

施工过程检查记录 表 C5-3		资料编号	06-C5-3-××
工程名称	北京××大厦	检查项目	梯级式电缆桥架安装
检查部位	B座 1 段地下一层配电室	检查日期	20××年××月××日

检查依据：

北京××大厦电施图-37、电施图-38 及《建筑电气工程施工质量验收规范》GB 50303—2015

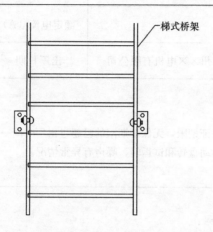

检查内容：

1. 梯级式电缆桥架（CQ1-T）的规格型号、安装位置、标高符合施工图设计及规范要求，表面无污染现象。

2. 电缆桥架及其支架全长，与接地（PE）干线相连接为 2 处，确保整个桥架为一个电气通路。

3. 梯级式电缆桥架间连接的两端跨接铜芯接地线截面积不小于 4mm²。

4. 梯级式电缆桥架间连接板的两端设置 2 个有防松螺帽，防松螺帽、防松垫圈与螺栓可靠连接。如上图所示。

5. 梯级式电缆桥架安装时，整体结构横平竖直，水平安装支架间距不大于 3m 水平安装时距地面安装高度不小于 2.2m；垂直安装支撑间距不大于 2m。

6. 梯级式电缆桥架的电缆排列整齐，电缆的直线端每隔 5m、电缆的首尾两端和电缆的转弯两侧均采用尼龙绑扎带与电缆桥架骨架进行固定。

7. 梯级式电缆桥架内的电缆的首端、末端和分支处均设置标识牌。

8. 梯级式电缆桥架穿越墙体、顶板时均采用防火材料进行封堵隔离。

检查意见：

符合施工图设计及《建筑电气工程施工质量验收规范》GB 50303—2015 的要求。

复查意见：

复查人：　　　　　　　　　　　　　　　　　　　　　　　复查日期：

施工单位	北京××建设工程有限公司	
专业技术负责人	专业质检员	专业工长
李××	吴××	徐××

本表由施工单位填写。

电动机检查（抽芯）记录 表 C6-1		资料编号	06-C6-1-××
工程名称	北京××大厦	检查日期	20××年××月××日
电动机类型	三相异步电机	绝缘等级	B级
额定功率（kW）	30	转速（r/min）	1470
额定电压（V）	380	额定电流（A）	57
制造厂家	苏州××电机有限公司	出厂日期	20××年××月××日

电动机检查（抽芯）原因：

1. 出厂时间已超过制造厂保证期限，无保证期限的已超过出厂时间一年以上；

2. 外观检查、电气试验、手动盘转和试运转，噪声有异常情况。

电动机检查（抽芯）处理记录：

冷冻机房 6♯ 低压电动机检查处理情况如下

1. 电机内部清洁无杂物，铁芯轴颈无伤痕锈蚀，滑环和换向器无伤痕、锈蚀现象；

2. 绕组绝缘层完好，绑线无松动。绕组连接正确，焊接良好。绕组电阻检测合格；

3. 定子槽楔无断裂凸出及松动现象，端部槽楔牢固。转子平衡块紧固，平衡螺丝锁牢。风扇叶片完好，方向正确；

4. 轴承滚动体与内、外圈转动有卡涩现象，轴承内的润滑脂填满内部空间的三分之一，现向轴承内加入润滑脂，为填满内部空间的三分之二。

检查结果：

冷冻机房 6♯ 电动机出厂时间已超过制造厂保修期限，经电动机抽芯检查，对发现的电动机问题已作出相应的处理，工作正常，无异常噪声，可以继续使用，符合《电气装置安装工程 旋转电机施工及验收规范》GB 50170—2006、《建筑电气工程施工质量验收规范》GB 50303—2015 要求。

签字栏	施工单位		专业技术负责人	专业质检员	专业工长
	北京××建设工程有限公司		李××	吴××	赵××
	监理（建设）单位	北京××建设监理有限公司	专业工程师		王××

本表由施工单位填写。

低压配电电源质量测试记录 表 C6-2			资料编号	06-C6-2-××
工程名称		北京××大厦		
施工单位	北京××大厦项目经理部		测试日期	20××年××月××日
测试设备名称及型号	谐波测试仪 Fluke VR1710		环境温度	28℃
检查测试内容			测试值（V）	偏差（%）
供电电压	三相	A 相	376	−1.05
		B 相	390	＋3.95
		C 相	368	−3.16
	单相		226	＋2.73
公共电网 谐波电压	电压总谐波畸变率（%）		4	
	奇次（1～25 次）谐波含有率（%）		3.2	
	偶次（1～25 次）谐波含有率（%）		1.6	
谐波电流（A）			20	

测试结果：

供电系统在正常运行下，三相电压、单相电压测试数值均满足《电能质量 供电电压偏差》GB/T 12325—2008 规定，10kV 及以下三相供电电压允许偏差为标称电压的−7%～＋7%，220V 单相供电电压允许偏差为标称电压的−10%～＋7%。

公共电网标称 10kW 电压正常运行下，电压总谐波畸变率、奇次谐波电压含有率、偶次谐波电压含有率、谐波电流测试数值均满足《电能质量 公用电网谐波》GB/T 14549—1993 的规定。

因此，低压配电电源质量测试合格。

签 字 栏		施工单位	专业技术负责人	专业质检员	测试人
	北京××建设工程有限公司		李××	吴××	赵××
	监理（建设）单位	北京××建设监理有限公司		专业工程师	王××

本表由施工单位填写。

回路末端电压降测试记录 表 C6-3		资料编号	06-C6-3-××
工程名称	北京××大厦	试验日期	20××年××月××日
测试仪器	电压降测试仪	仪器型号	LX-9830
低压配电箱（柜）	5 层电气竖井 配电柜 AP2-7	回路数	3 个
回路线缆截面积（mm²）	6	回路线缆长度（m）	52
回路线缆截面积（mm²）	10	回路线缆长度（m）	38
回路线缆截面积（mm²）	6	回路线缆长度（m）	46
相别	电压降（%）测试结果	允许电压降（%）	是否满足要求
L1-N（L1-L2）	0.6	＜5%	满足
L2-N（L2-L3）	0.8	＜5%	满足
L3-N（L3-L1）	0.4	＜5%	满足
L1-N（L1-L2）		＜5%	
L2-N（L2-L3）		＜5%	
L3-N（L3-L1）		＜5%	
L1-N（L1-L2）		＜5%	
L2-N（L2-L3）		＜5%	
L3-N（L3-L1）		＜5%	

测试结果：

对五层电气竖井低压配电柜 AP2-7 回路末端电压降进行测试。3 个回路末端电压降测试结果均在允许电压降的范围内，均符合施工图设计及《建筑电气工程施工质量验收规范》GB 50303—2015 要求，低压配电柜 AP2-7 各回路导线连接质量安全可靠。

签 字 栏	施工单位	专业技术负责人	专业质检员	测试人
	北京××建设工程有限公司	李××	吴××	赵××
	监理（建设）单位	北京××建设监理有限公司	专业工程师	王××

本表由施工单位填写。

大容量电气线路结点测温记录 表 C6-4		资料编号	06-C6-4-××	
工程名称		北京××大厦		
测试地点	地下一层配电室	测试品种	导线□/母线□/开关☑	
测试工具	红外线测温仪	测试日期	20××年××月××日	
测试回路（部位）	测试时间	电流（A）	设计温度（℃）	测试温度（℃）
照明配电柜总开关	8：00～ 10：00	700	50	45
动力配电柜总开关	8：30～ 10：30	800	50	45

测试结论：
对地下一层配电室内的照明配电柜、动力配电柜设置的总开关工作电流、工作温度进行测试。其工作电流、工作温度采用钳式电流表、红外线测温仪测量，照明配电柜、动力配电柜设置的总开关所有大容量结点工作温度，均在设计允许温度变化范围内，符合施工图设计及《建筑电气工程施工质量验收规范》GB 50303—2015 的要求，测试结论为合格。

签字栏	施工单位	北京××建设 工程有限公司	专业技术负责人	专业质检员	测试人
			李××	吴××	徐××
	监理（建设） 单位	北京××监理有限责任公司	专业工程师		王××

本表由施工单位填写。

接地电阻测试记录 表 C6-5		资料编号		06-C6-5-××	
工程名称	北京××大厦	测试日期		20××年××月××日	
仪表型号	ZC-8	天气情况	晴	气温（℃）	20

接地类型	□ 防雷接地 □ 计算机接地 □ 工作接地 □ 保护接地 □ 防静电接地 □ 逻辑接地 □ 重复接地 ☑ 综合接地 □ 医疗设备接地
设计要求	□ ≤10Ω □ ≤4Ω ☑ ≤1Ω □ ≤0.1Ω □ ≤Ω □

试验结论：

利用土建主体结构底板钢筋作为自然防雷接地体，所有底板钢筋焊接点连接可靠，并在结构主筋上做标识。土建专业在开盘鉴定之前，依据防施-4图标注的防雷引下点进行摇测，各点的防雷接地阻值均小于1Ω（选最大值乘以季节系数），符合施工图设计及《建筑电气工程施工质量验收规范》GB 50303—2015的要求。

签字栏	施工单位	北京××建设 工程有限公司	专业技术负责人	专业质检员	测试人
			李××	吴××	徐××
	监理（建设）单位	北京××监理有限责任公司	专业工程师		王××

本表由施工单位填写。

防雷接地装置平面示意图 表 C6-6		资料编号	06-C6-6-××
工程名称	北京××大厦	图号	防施-9
接地类型	重复接地	组数	2	设计要求	≤1Ω

接地装置平面示意图（绘制比例要适当，注明各组别编号及有关尺寸）

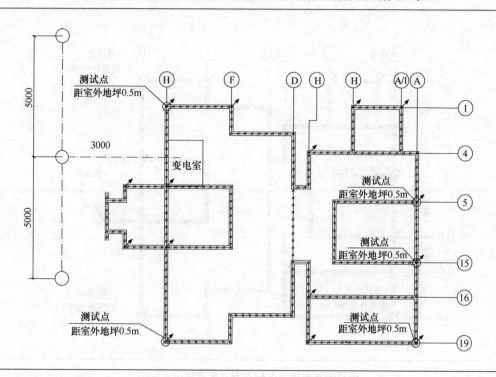

接地装置敷设情况检查表（尺寸单位：mm）			
沟槽尺寸	10000×600×800	土质情况	砂质黏土
接地极规格	40×40×4 镀锌角钢	打进深度	2500
接地体规格	40×4 镀锌扁钢	焊接情况	饱满
防腐处理	刷沥青油两道	接地电阻	（取最大值）0.8Ω
检验结论	符合施工图设计要求	检验日期	20××年××月××日

签字栏	施工单位	北京××建设 工程有限公司	专业技术负责人	专业质检员	专业工长
			李××	吴××	徐××
	监理（建设） 单位	北京××监理有限责任公司	专业工程师		王××

本表由施工单位填写。

防雷接地装置平面示意图 表 C6-6		资料编号		06-C6-6-××
工程名称	北京××大厦	图号		防施-12
接地类型	综合接地	组数	/	设计要求 ≤1Ω

接地装置平面示意图（绘制比例要适当，注明各组别编号及有关尺寸。）

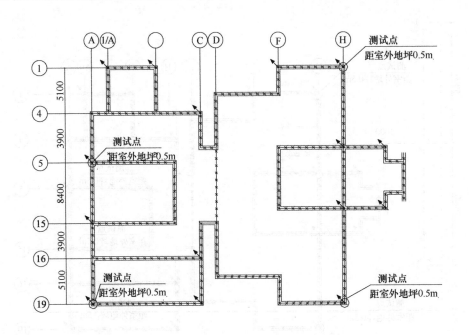

接地装置敷设情况检查表（尺寸单位：mm）				
沟槽尺寸	/	土质情况		砂质黏土
接地极规格	利用基础结构底板钢筋	打进深度		－3000
接地体规格	40×4 镀锌扁钢	焊接情况		饱满
防腐处理	刷沥青油两道	接地电阻		（取最大值）0.4Ω
检验结论	符合施工图设计要求	检验日期		20××年××月××日
签字栏	施工单位	北京××建设 工程有限公司	专业技术负责人	专业质检员	专业工长
			李××	吴××	徐××
	监理（建设） 单位	北京××监理有限责任公司		专业工程师	王××

本表由施工单位填写。

电器器具通电安全检查纪录 表 C6-7																									资料编号				06-C6-7-××		

工程名称					北京××大厦																检查日期						20××年××月××日			

楼门单元或区域场所							北京××大厦 A♯楼第 1 区域																						

层数	开 关									灯 具									插 座									
	1	2	3	4	5	6	7	8	9	1	2	3	4	5	6	7	8	9	1	2	3	4	5	6	7	8	9
首层	✓	✓	✓	✓	✓	✓	✓	✓	✓	✓	✓	✓	✓	✓	✓	✓	✓	✓	✓	✓	✓	✓	✓	✓	✓	✓	✓
																			✓	✓	✓	✓	✓				
																			✓	✓	✓	✓	✓				

检查结论：

经对 A♯楼首层 1 区区域内所有电器器具进行通电安全检查：开关面板开启方向正确，灵敏可靠，且所控灯具位置一一相对应。插座面板的零线、相线、接地保护线经相位测试仪检测连接正确，符合施工图设计及《建筑电气工程施工质量验收规范》GB 50303—2015 的要求。

签字栏	施工单位	北京××建设 工程有限公司	专业技术负责人	专业质检员	专业工长
			李××	吴××	徐××
	监理（建设） 单位	北京××监理有限责任公司	专业工程师		王××

本表由施工单位填写。

绝缘电阻测试记录 表 C6-8										资料编号		06-C6-8-××

工程名称	北京××大厦	测试日期	20××年××月××日
计量单位	MΩ	天气情况	晴

仪表型号	ZC-7	电压	500	气温	15℃

试验内容		相 间			相 对 零			相 对 地			零对地
		L_1-L_2	L_2-L_3	L_3-L_1	L_1-N	L_2-N	L_3-N	L_1-PE	L_2-PE	L_3-PE	N-PE
层 数 · 路 别 · 名 称 · 编 号	首层										
	A 户箱										
	照明支路 1				300			320			300
	照明支路 2				340			340			310
	照明支路 3				330			320			300
	插座支路 1				290			290			280
	空调支路 2				300			300			280
	厨房插座 3				230			230			280
	卫生间插座 4				230			210			200
	B 户箱										
	照明支路 1				330			320			320
	照明支路 2				320			310			300
	照明支路 3				320			330			310
	插座支路 1				290			280			280

测试结论：

经现场对首层 A 户箱、B 户箱各支路分别摇测绝缘电阻值，其绝缘电阻值符合施工图设计及《建筑电气工程施工质量验收规范》GB 50303—2015 的要求，测试结论为合格。

签 字 栏	施工单位	北京××建设 工程有限公司	专业技术负责人	专业质检员	测试人
			李××	吴××	徐××
	监理（建设） 单位	北京××监理有限责任公司		专业工程师	王××

本表由施工单位填写。

绝缘电阻测试记录 表 C6-8				资料编号				06-C6-8-××		
工程名称		北京××大厦		测试日期				20××年××月××日		
计量单位		MΩ		天气情况				晴		
仪表型号		ZC-7	电压		500		气温		25℃	
试验内容		相 间			相 对 零			相 对 地		零对地
		L_1-L_2	L_2-L_3	L_3-L_1	L_1-N	L_2-N	L_3-N	L_1-PE	L_2-PE	L_3-PE	N-PE
层数·路别·名称·编号	地下室一层										
	空调机房1#风机										
	电机接线盒	320	320	320				310	310	310	

测试结论：

经现场对地下室一层空调机房1#风机摇测，其绝缘电阻值符合施工图设计及《建筑电气工程施工质量验收规范》GB 50303—2015 的要求，测试结论为合格。

签字栏	施工单位	北京××建设 工程有限公司	专业技术负责人	专业质检员	测试人
			李××	吴××	徐××
	监理（建设） 单位	北京××监理有限责任公司		专业工程师	王××

本表由施工单位填写。

接地故障回路阻抗测试记录 表 C6-9			资料编号	06-C6-9-××
工程名称	北京××大厦		测试日期	20××年××月××日
测试仪器	智能回路电阻测试仪		型号	GWZL-200A
部位	首层1段		配电箱（柜）	AL1-6 照明配电箱
测试内容			测试记录	
1	相线线路的长度实测值（m）		第1个故障回路：插座回路65m	
			第2个故障回路：	
2	相线线路的截面实测值（mm²）		第1个故障回路：插座回路 2.5mm²	
			第2个故障回路：	
3	相线对地的实测电压 U_0（V）		第1个故障回路：224V	
			第2个故障回路：	
4	故障回路保护电器的动作电流 I_a（A）		第1个故障回路：$10I_n = 10 \times 16A = 160A$	
			第2个故障回路：	
5	故障回路阻抗实测值 $Z_s(m)$（Ω）		第1个故障回路：0.86Ω	
			第2个故障回路：	
6	$(2 \times U_0)/(3 \times I_e)$ 计算值（Ω）		第1个故障回路：9.33Ω	
			第2个故障回路：	
7	是否满足：$Z_s(m) \leqslant \dfrac{2}{3} \times \dfrac{U_0}{I_a}$		第1个故障回路：满足	
			第2个故障回路：	

测试结果：

照明配电箱 AL-6 第一个插座回路计算阻抗为 9.33Ω，回路阻抗实测值为 0.86Ω，满足：$Z_s(m) \leqslant \dfrac{2}{3}$ $\times \dfrac{U_0}{I_a}$ 不等式要求，表明回路导线连接可靠，符合《建筑电气工程施工质量验收规范》GB 50303—2015 要求，且回路过电流保护器动作可靠。

签字栏	施工单位	专业技术负责人	专业质检员	测试人
	北京××建设工程有限公司	李××	吴××	赵××
	监理（建设）单位	北京××建设监理有限公司	专业工程师	王××

本表由施工单位填写。

剩余电流动作保护器测试记录 表 C6-10			资料编号		06-C6-10-××
工程名称			北京××大厦		
试验器具		漏电开关测试仪	试验日期		20××年××月××日
安装部位	型号	设计要求		实际测试	
		动作电流 （mA）	动作时间 （ms）	动作电流 （mA）	动作时间 （ms）
一层 A 户箱插座	4506A	30	100	30	60
卫生间插座	4506A	30	100	30	62

测试结论：

经对一层 A 户箱内设置的漏电开关进行测试。其动作电流，动作时间采用漏电开关测试仪现场测试，其动作电流，动作时间均符合施工图设计及《建筑电气工程施工质量验收规范》GB 50303—2015 的要求，一层 A 户箱测试结论为合格。

签字栏	施工单位	北京××建设 工程有限公司	专业技术负责人	专业质检员	测试人
			李××	吴××	徐××
	监理（建设） 单位	北京××监理有限责任公司		专业工程师	王××

本表由施工单位填写。

电气设备空载和负载试运行和记录 表 C6-11		资料编号	06-C6-11-××

工程名称		北京××大厦	
试运项目	地下一层 3＃污水泵	填写日期	20××年××月××日
试运时间	由 当 日 8 时 0 分开始至 次 日 10 时 0 分结束		

	试运时间	运行电压（V）			运行电流（A）			温度 （℃）
		L_1-N (L_1-L_2)	L_2-N (L_2-L_3)	L_3-N (L_3-L_1)	L_1相	L_2相	L_3相	
运行负荷记录	8：00	380	380	380	5	5	5	15
	8：00～ 9：00	380	380	380	5	5	5	30
	9：00～ 10：00	380	380	380	5	5	5	30

试运行情况记录：

　地下一层 3＃污水泵经过两小时空载和负载试运行，其电流、电压测量值正常，温升测量值在允许的范围内，无异常噪声，无异味，符合施工图设计及《建筑电气工程施工质量验收规范》GB 50303—2015 的要求，试运行为合格。

签字栏	施工单位	北京××建设 工程有限公司	专业技术负责人	专业质检员	测试人
			李××	吴××	徐××
	监理（建设）单位	北京××监理有限责任公司		专业工程师	王××

本表由施工单位填写。

柴油发电机测试记录 表 C6-12		资料编号		06-C6-12-××
工程名称	北京××大厦	施工单位		北京××机电安装有限公司
安装部位	地下一层机房	测试日期		20××年××月××日
规格型号	880kVA 康明斯	环境温度		30℃
检查测试内容			额定值	测试值
输出电压（V）	空载		400	389
	满载		230	228
输出电流（A）	满载		1440	1380
切换时间（s）			1～15	2
逆变储能供电能力（min）			90	110
噪声检测（dB）	空载		≤65	50
	满载		≤103	86

测试结果：

880kVA 康明斯柴油发电机组的各项测试指标均符合要求，机组整机技术条件符合施工图设计及《往复式内燃机驱动的交流发电机组》GB/T 2820 的要求，机组工作运行平稳正常。

签 字 栏	施工单位		专业技术负责人	专业质检员	测试人
	北京××建设工程有限公司		李××	吴××	赵××
	监理（建设）单位	北京××建设监理有限公司		专业工程师	王××

本表由施工单位填写。

应急电源装置测试记录 表 C6-13			资料编号	06-C6-13-××	
工程名称	北京××大厦		施工单位	北京××机电安装有限公司	
安装部位	A 座 1 段地下一层设备间		测试日期	20××年××月××日	
规格型号	75kW YJS		环境温度	30℃	
检查测试内容				额定值	测试值
输入电压（V）				380	376
输出电压（V）		空载		220	220
	满载	正常运行		220	218
		应急运行		220	216
输出电流（A）	满载	正常运行		113	113
		应急运行		113	120
能量恢复时间（h）				24	24
切换时间（s）				0.025	0.025
储能供电能力（min）				90	110
过载能力（输出表观功率额定值 120％的阻性负载）	正常运行	连续工作时间（min）		长期	长期
	应急运行	连续工作时间（min）		90	90
噪声检测（dB）		正常运行		无噪声	0dB
		应急运行		≤65	45

测试结果：

75kW EPS 应急电源各项测试指标均符合要求，其技术性能指标符合施工图设计及《逆变应急电源》GB/T 21225—2007 标准要求，EPS 应急电源工作运行安全、可靠。

签字栏	施工单位		专业技术负责人	专业质检员	测试人
	北京××建设工程有限公司		李××	吴××	赵××
	监理（建设）单位	北京××建设监理有限公司		专业工程师	王××

本表由施工单位填写。

灯具固定装置及悬吊装置载荷强度试验记录 表 C6-14		资料编号	06-C6-14-××
工程名称	北京××大厦	试验日期	20××年××月××日
安装位置	首层大堂	安装方式	吊顶安装

灯具名称	灯具数量（套）	灯具重量（kg）	固定装置及悬吊装置承载试验（kg）
水晶花灯	3	120	600

试验结果：

三套水晶花灯的固定装置均为 ϕ12 镀锌圆钢预埋件，灯具及灯具悬吊装置固定在预埋件做载荷强度试验，以 5 倍灯具重量的恒定载荷作用在灯具悬吊装置上，历经 1h，预埋灯吊件安全可靠，灯具本体及灯具悬吊装置无明显变形。符合施工图设计及《建筑电气工程施工质量验收规范》GB 50303—2015 要求，试验结果为合格。

签字栏	施工单位	专业技术负责人	专业质检员	测试人
	北京××建设工程有限公司	李××	吴××	赵××
	监理（建设）单位	北京××监理有限责任公司	专业工程师	王××

本表由施工单位填写。

建筑物照明通电试运行记录					资料编号		06-C6-15-××

表 C6-15 建筑物照明通电试运行记录

工程名称	北京××大厦				公建☑/住宅□		
试运项目	照明系统试运行			填写日期	20××年××月××日		
试运时间	由当日8时0分开始至次日8时0分结束						

	运行时间	运行电压（V）			运行电流（A）			温度（℃）
		L_1-N (L_1-L_2)	L_2-N (L_2-L_3)	L_3-N (L_3-L_1)	L_1相	L_2相	L_3相	
运行负荷记录	8：0	230	230	230	25	25	25	15
	8：0～10：0	230	230	230	25	25	25	30
	10：0～12：0	220	220	220	26	26	26	30
	12：0～14：0	220	220	220	26	26	26	30
	14：0～16：0	220	220	220	26	26	26	30
	16：0～18：0	225	225	225	28	28	27	30
	18：0～20：0	215	215	215	26	26	26	32
	20：0～22：0	215	215	215	26	26	26	32
	22：0～24：0	220	220	220	26	26	26	32
	24：0～2：0	220	220	220	28	28	27	30
	2：0～4：0	215	215	215	26	26	26	30
	4：0～6：0	220	220	220	28	28	27	30
	6：0～8：0	220	220	220	26	26	26	30

试运行情况记录

经24h照明系统全负荷试运行，照明控制柜电压、电流数值波动变化不大，干线电缆、支路导线的温升在允许范围内，灯具发光无频闪现象，符合施工图设计及《建筑电气工程施工质量验收规范》GB 50303—2015 的要求，照明系统试运行为合格。

签字栏	施工单位	北京××建设工程有限公司	专业技术负责人	专业质检员	测试人
			李××	吴××	徐××
	监理（建设）单位	北京××监理有限责任公司		专业工程师	王××

本表由施工单位填写。

接闪器和接闪带固定支架拉力测试记录 表 C6-16				资料编号		06-C6-16-××	
工程名称				北京××大厦			
测试部位		屋面接闪带		测试日期		20××年××月××日	
序号	拉力	序号	拉力	序号	拉力	序号	拉力
1	58.2 N	18	58.2 N	34	58.2 N	50	58.3 N
2	58.2 N	19	58.3 N	35	58.2 N	51	58.2 N
3	58.3 N	20	58.2 N	36	58.3 N	52	58.3 N
4	58.4 N	21	58.3 N	37	58.3 N	53	58.3 N
5	58.2 N	22	58.3 N	38	58.3 N	54	58.2 N
6	58.1 N	23	58.2 N	39	58.3 N	55	58.2 N
8	58.2 N	24	58.1 N	40	58.2 N	56	58.2 N
9	58.2 N	25	58.3 N	41	58.1 N	57	58.2 N
10	58.2 N	26	58.3 N	42	58.2 N	58	58.3 N
11	58.3 N	27	58.2 N	43	58.2 N	59	58.2 N
12	58.4 N	28	58.2 N	44	58.1 N	60	58.1 N
13	58.3 N	29	58.1 N	45	58.1 N	61	58.1 N
14	58.2 N	30	58.1 N	46	58.4 N	62	58.3 N
15	58.3 N	31	58.3 N	47	58.1 N	63	58.1 N
16	58.2 N	32	58.2 N	48	58.3 N	64	58.2 N
17	58.3 N	33	58.3 N	49	58.1 N	65	58.2 N

检验结果：

　　屋面女儿墙接闪带水平方向敷设顺直，固定点间距不大于 1m，弯曲段固定点间距为 0.3m，镀锌弹簧垫片、螺母齐全，连接紧固。经现场测试支架拉承受力均大于 58N，符合施工图设计及《建筑电气工程施工质量验收规范》GB 50303—2015 的要求，检验结果合格。

签字栏	施工单位	北京××建设 工程有限公司	专业技术负责人	专业质检员	测试人
			李××	吴××	徐××
	监理（建设） 单位	北京××监理有限责任公司		专业工程师	王××

本表由施工单位填写。

接地（等电位）联结导通性测试记录 表 C6-17							资料编号	06-C6-17-××

工程名称	北京××大厦						
试验器具	等电位联结电阻测试仪			型号			GY330
标准值	总电阻不大于 3Ω			试验日期			20××年××月××日

部位 结果 内容	分段电阻（Ω）						总电阻（Ω）
	1	2	3	4	5	6	
排水金属管	0.2	0.18	0.24	0.23	0.20		1.05
采暖金属管	0.13	0.16	0.18	0.16	0.20		0.74
给水金属管	0.22	0.15	0.30	0.18	0.20		1.05
4-5/Y 轴 MEB 箱	0.20						0.20
12/D 轴 LEB 箱	0.23						0.23
15/D 轴 LEB 箱	0.15						0.15
29-31/J 轴 MEB 箱	0.21						0.21

测试结果：

　　建筑等电位联结的部位及联结材质符合设计要求，建筑物等电位联结干线由接地装置直接引出两处，并与局部等电位箱间的连接线形成环形网路，对等电位联结导通进行测试，测试值符合设计要求，确认其已形成了一个有效的电气通路，符合施工图设计和《建筑电气工程施工质量验收规范》GB 50303—2015 要求，等电位联结导通性测试结果为合格。

签字栏	施工单位	专业技术负责人	专业质检员	测试人
	北京××建设工程有限公司	李××	吴××	赵××
	监理（建设）单位	北京××建设监理有限公司	专业工程师	王××

本表由施工单位填写。

电气设备交接试验检验记录 表 C6-18		资料编号	06-C6-18-××
工程名称	北京××大厦		
设备名称	动力箱	试验日期	20××年××月××日
规格型号	AD-1～1	设备生产厂家	北京××开关有限公司
交接试验检验内容	试验要求		检验结果
开关及保护装置	每路配电开关及保护装置的规格、型号应符合设计要求		规格型号符合设计要求
工频耐压试验	电气装置的交流工频耐压试验电压为 1kV，当绝缘电阻值大于 10MΩ 时，可采用 2500V 兆欧表摇测代替，试验持续时间 1min，无击穿闪络现象		2500V 兆欧表摇测，试验持续时间 1min，无击穿闪络现象
绝缘电阻	绝缘电阻用 500V 兆欧表摇测，绝缘电阻值 ≥1MΩ；潮湿场所，绝缘电阻值 ≥0.5MΩ		500V 兆欧表摇测，绝缘电阻值为 20MΩ
动作情况	低压电器动作情况除产品另有规定外，电压、液压或气压在额定值的 85%～110% 范围内能可靠动作		电压在额定值的 85%～110% 范围内，动作可靠
脱扣器的整定值	脱扣器的整定值的误差不得超过产品技术条件的规定		符合产品技术文件规定
电阻器和变阻器的直流电阻差值	电阻器和变阻器的直流电阻差值符合产品技术条件规定		—
控制回路模拟动作试验	盘车或手动操作，电气部分与机械部分的转动或动作应协调		—

检验结果：
经对一层 1 段动力箱 AD-1～1 开关及保护装置、工频耐压试验、绝缘电阻、动作情况及脱扣器的整定值进行交接试验，均符合施工图设计及《电气装置安装工程 电气设备交接试验标准》GB 50150—2006、《建筑电气工程施工质量验收规范》GB 50303—2015 要求。一层 1 段动力箱 AD-1～1 交接试验检验为合格。

签字栏	施工单位	专业技术负责人	专业质检员	专业工长
	北京××建设工程有限公司部	李××	吴××	赵××
	监理（建设）单位	北京××建设监理有限公司	专业工程师	王××

本表由施工单位填写。

第二节 建筑电气工程检验批表格填写范例

变压器、箱式变电所安装检验批质量验收记录表

GB 50303—2015

07010101□□

07020101□□

单位（子单位）工程名称	北京××大厦	分部（子分部）工程名称	室外电气安装工程	分项工程名称	变压器、箱式变电所安装
施工单位	北京××建设工程有限公司	项目经理	李××	检验批容量	3台
分包单位	北京××机电安装工程公司	分包项目经理	王××	检验批部位	地下一层配电室
施工依据（执行标准名称及编号）		《建筑电气安装工程施工质量验收规范》（GB 50303—2015）			

		验收项目	最小/实际抽样数量	施工单位检查记录	监理单位验收记录
主控项目	1	变压器安装位置及外观检查	第4.1.1条	全/3	√	√
	2	变压器中性点的接地连接方式及接地电阻值	第4.1.2条	全/3	√	√
	3	变压器与保护接地导体可靠连接，紧固件及防松零件齐全	第4.1.3条	全/3	√	√
	4	变压器及高压电气设备的交接试验	第4.1.4条	全/3	√	√
	5	箱式变电所与保护接地导体可靠连接	第4.1.5条	/	/	/
	6	箱式变电所的交接试验	第4.1.6条	/	/	/
	7	配电间栅栏门与保护接地导体可靠连接	第4.1.7条	全/2	√	√
一般项目	1	有载调压开关检查	第4.2.1条	全/3	√	√
	2	绝缘件和测温仪表检查	第4.2.2条	1/2	√	√
	3	装有滚轮的变压器就位固定检查	第4.2.3条	/	√	√
	4	变压器的器身检查	第4.2.4条	全/3	√	√
	5	箱式变电所内外涂层和通风口检查	第4.2.5条	/	/	/
	6	箱式变电所柜内接线和线路标识检查	第4.2.6条	/	/	/
	7	变压器套管中心线与母线槽中心线检查	第4.2.7条	全/3	√	√
施工单位检查结果		主控项目全部合格，一般项目均符合《建筑电气工程施工质量验收规范》GB 50303—2015要求。 项目专业工长：张×× 项目专业质量检查员：陈×× 20××年××月××日			
监理单位验收结论		主控项目、一般项目按照《建筑电气工程施工质量验收规范》GB 50303—2015的规定逐项抽查验收，验收合格。 监理工程师：赵×× 20××年××月××日			

成套配电柜、控制柜（台、箱）和配电箱（盘）安装检验批质量验收记录表

GB 50303—2015

07010201□□07020201□□
07040101□□07050101□□
07060101□□

单位（子单位）工程名称	北京××大厦	分部（子分部）工程名称	变配电室安装工程	分项工程名称	成套配电柜、配电箱安装
施工单位	北京××建设工程有限公司	项目经理	李××	检验批容量	20台
分包单位	北京××机电安装工程公司	分包项目经理	王××	检验批部位	地下一层配电室
施工依据（执行标准名称及编号）			《建筑电气安装工程施工质量验收规范》（GB 50303—2015）		

		验收项目		最小/实际抽样数量	施工单位检查记录	监理单位验收记录
主控项目	1	金属框架及基础型钢与保护接地导体可靠连接	第5.1.1条	全/20	√	√
	2	防电击保护检查	第5.1.2条	全/20	√	√
	3	手车、抽屉式柜的推拉和动、静触头检查	第5.1.3条	全/20	√	√
	4	高压成套配电柜的交接试验	第5.1.4条	全/8	√	√
	5	低压成套配电柜的交接试验	第5.1.5条	全/12	√	√
	6	线路绝缘电阻测试、二次回路耐压试验	第5.1.6条	全/12	√	√
	7	直流柜试验	第5.1.7条	/	/	/
	8	电涌保护器（SPD）检查	第5.1.10条	1/4	√	√
一般项目	1	基础型钢安装允许偏差检查	第5.2.1条	1/4	√	√
	2	柜、盘布局及安全间距检查	第5.2.2条	全/20	√	√
	3	柜、箱安装垂直度允许偏差不大于1.5‰，相互间接缝不大于2mm。	第5.2.5条	1/12	√	√
	4	柜内部检查试验	第5.2.6条	1/4	√	√
	5	低压电器组合检查	第5.2.7条	1/4	√	√
	6	柜、盘间配线检查	第5.2.8条	1/6	√	√
	7	柜、盘面板上电器元件连线检查	第5.2.9条	1/4	√	√
	8	照明配电箱安装检查	第5.2.10条	1/2	√	√
施工单位检查结果		主控项目全部合格，一般项目均符合《建筑电气工程施工质量验收规范》GB 50303—2015要求。 项目专业工长：张×× 项目专业质量检查员：陈×× 20××年××月××日				
监理单位验收结论		主控项目、一般项目按照《建筑电气工程施工质量验收规范》GB 50303—2015的规定逐项抽查验收，验收合格。 监理工程师：赵×× 20××年××月××日				

电动机、电加热器及电动执行机构检查接线检验批质量验收记录表

GB 50303—2015

07040201□□
□□

单位（子单位） 工程名称	北京××大厦	分部（子分部） 工程名称	电气动力 安装工程	分项工程 名称	电动机、电加热 器及电动执行 机构检查接线
施工单位	北京××建设 工程有限公司	项目经理	李××	检验批容量	10台
分包单位	北京××机电 安装工程公司	分包项目经理	王××	检验批部位	地下一层 消防泵房
施工依据（执行标准名称及编号）		《建筑电气安装工程施工质量验收规范》（GB 50303—2015）			

	验收项目		最小/实际 抽样数量	施工单位 检查记录	监理单位 验收记录
主控项目	1	电动机、电加热器及电动执行机构的外露 可导电部分与保护接地导体（PE）可靠连 接	第6.1.1条	1/5	✓	✓
	2	绝缘电阻值检测	第6.1.2条	1/10	✓	✓
	3	100kW以上电动机交接试验	第6.1.3条	全/5	✓	✓
一般项目	1	设备安装和接线入口防水防潮处理检查	第6.2.1条	1/3	✓	✓
	2	电动机抽芯检查前的条件确认	第6.2.2条	/	/	/
	3	电动机抽芯的检查	第6.2.3条	/	/	/
	4	电动机电源线、出线端子的检查	第6.2.4条	全/10	✓	✓
	5	接线盒内裸露导线的距离、绝缘防护措施 的检查	第6.2.5条	1/4	✓	✓
施工单位检查结果	主控项目全部合格，一般项目均符合《建筑电气工程施工质量验收规范》GB 50303—2015要求。 项目专业工长：张×× 项目专业质量检查员：陈×× 20××年××月××日				
监理单位验收结论	主控项目、一般项目按照《建筑电气工程施工质量验收规范》GB 50303— 2015的规定逐项抽查验收，验收合格。 监理工程师：赵×× 20××年××月××日				

柴油发电机组安装检验批质量验收记录表

GB 50303—2015

07060201□□

□□

单位（子单位）工程名称	北京××大厦	分部（子分部）工程名称	自备电源安装工程	分项工程名称	柴油发电机组安装
施工单位	北京××建设工程有限公司	项目经理	李××	检验批容量	1组
分包单位	北京××机电安装工程公司	分包项目经理	王××	检验批部位	地下一层柴油发电机房
施工依据（执行标准名称及编号）			《建筑电气安装工程施工质量验收规范》（GB 50303—2015）		

		验收项目		最小/实际抽样数量	施工单位检查记录	监理单位验收记录
主控项目	1	柴油发电机组的交接试验	第7.1.1条	全/1	✓	✓
	2	馈电线路的绝缘电阻值，馈电线路直流耐压试验	第7.1.2条	全/1	✓	✓
	3	相序检验	第7.1.3条	全/1	✓	✓
	4	柴油发电机组并列运行，对其电压有效值、频率和相位检验	第7.1.4条	全/1	✓	✓
	5	发电机的中性点接地连接方式、接地电阻值检验	第7.1.5条	全/1	✓	✓
	6	柴油发电机组本体和机械部分的外露可导电部分与保护导体（PE）可靠连接检查	第7.1.6条	全/1	✓	✓
	7	燃油系统的设备及管道的防静电接地检查	第7.1.7条	全/1	✓	✓
一般项目	1	柴油发电机组随带控制柜检查	第7.2.1条	全/1	✓	✓
	2	受电侧配电柜的试验，自备电源进行负荷试验的检查	第7.2.2条	全/1	✓	✓
施工单位检查结果		主控项目全部合格，一般项目均符合《建筑电气工程施工质量验收规范》GB 50303—2015要求。 项目专业工长：张×× 项目专业质量检查员：陈×× 20××年××月××日				
监理单位验收结论		主控项目、一般项目按照《建筑电气工程施工质量验收规范》GB 50303—2015的规定逐项抽查验收，验收合格。 监理工程师：赵×× 20××年××月××日				

不间断电源装置及应急电源装置安装检验批质量验收记录表

GB 50303—2015

07060301□□
□□

单位（子单位）工程名称	北京××大厦	分部（子分部）工程名称	自备电源安装工程	分项工程名称	不间断电源装置及应急电源装置安装
施工单位	北京××建设工程有限公司	项目经理	李××	检验批容量	10台
分包单位	北京××机电安装工程公司	分包项目经理	王××	检验批部位	地下一层机房
施工依据（执行标准名称及编号）			《建筑电气安装工程施工质量验收规范》（GB 50303—2015）		

		验收项目	最小/实际抽样数量	施工单位检查记录	监理单位验收记录
主控项目	1	核对UPS或EPS规格、型号和接线检查	第8.1.1条	全/10	√	√
	2	UPS或EPS电气交接试验及技术性能指标调整	第8.1.2条	全/10	√	√
	3	按技术文件要求检查EPS装置	第8.1.3条	全/10	√	√
	4	UPS或EPS绝缘电阻值检测	第8.1.5条	全/10	√	√
	5	UPS或EPS输出端的系统接地方式检查	第8.1.6条	全/10	√	√
一般项目	1	UPS或EPS机柜水平度、垂直度允许偏差不大于1.5‰	第8.2.1条	1/4	√	√
	2	UPS或EPS主回路和控制电线、电缆敷设，与保护接地干线就近连接检查	第8.2.2条	1/1	√	√
	3	UPS或EPS的外露可导电部分与保护接地导体连接检查	第8.2.3条	1/2	√	√
	4	UPS运行时噪声的检测	第8.2.4条	全/10	√	√
施工单位检查结果		主控项目全部合格，一般项目均符合《建筑电气工程施工质量验收规范》GB 50303—2015要求。 　　　　　项目专业工长：张×× 　　　　项目专业质量检查员：陈×× 　　　　　　　20××年××月××日				
监理单位验收结论		主控项目、一般项目按照《建筑电气工程施工质量验收规范》GB 50303—2015的规定逐项抽查验收，验收合格。 　　　　　　监理工程师：赵×× 　　　　　　　20××年××月××日				

180

电气设备试验和试运行检验批质量验收记录表

GB 50303—2015

单位（子单位）工程名称	北京××大厦	分部（子分部）工程名称	电气动力安装工程	分项工程名称	电气设备试验和试运行
施工单位	北京××建设工程有限公司	项目经理	李××	检验批容量	10 台
分包单位	北京××机电安装工程公司	分包项目经理	王××	检验批部位	地下一层消防泵房
施工依据（执行标准名称及编号）			《建筑电气安装工程施工质量验收规范》（GB 50303—2015）		

验收项目			最小/实际抽样数量	施工单位检查记录	监理单位验收记录
主控项目	1	电气设备和线路试验	第9.1.1条	全/10	√	√
	2	低压电气设备交接试验	第9.1.2条	全/10	√	√
	3	电动机转向和机械转动情况检查	第9.1.3条	1/1	√	√
一般项目	1	设备的运行电压、电流和各种仪表指示检查	第9.2.1条	全/10	√	√
	2	电动执行机构的动作方向及指示检查	第9.2.2条	1/1	√	√

施工单位检查结果	主控项目全部合格，一般项目均符合《建筑电气工程施工质量验收规范》GB 50303—2015 要求。 项目专业工长：张×× 项目专业质量检查员：陈×× 20××年××月××日
监理单位验收结论	主控项目、一般项目按照《建筑电气工程施工质量验收规范》GB 50303—2015 的规定逐项抽查验收，验收合格。 监理工程师：赵×× 20××年××月××日

母线槽安装检验批质量验收记录表

GB 50303—2015

单位（子单位）工程名称	北京××大厦		分部（子分部）工程名称	变配电室安装工程	分项工程名称	母线槽安装
施工单位	北京××建设工程有限公司		项目经理	李××	检验批容量	32段
分包单位	北京××机电安装工程公司		分包项目经理	王××	检验批部位	地下一层配电室
施工依据（执行标准名称及编号）			《建筑电气安装工程施工质量验收规范》（GB 50303—2015）			

		验收项目		最小/实际抽样数量	施工单位检查记录	监理单位验收记录
主控项目	1	母线槽的外壳等外露可导电部分与保护接地导体（PE）可靠连接	第10.1.1条	全/32	√	√
	2	母线槽的金属外壳作为保护接地导体（PE）时，其外壳导体应具有连续性	第10.1.2条	全/32	√	√
	3	母线与母线、母线与电器元件或设备接线端子连接	第10.1.3条	2/7	√	√
	4	母线槽的安装检查	第10.1.4条	2/7	√	√
	5	母线槽通电运行前进行检验或试验	第10.1.5条	全/32	√	√
一般项目	1	母线槽支吊架安装的检查	第10.2.1条	1/4	√	√
	2	母线与母线、母线与电器元件或设备接线端子搭接检查	第10.2.2条	1/4	√	√
	3	母线采用螺栓搭接，连接处距绝缘子的支持夹板边缘不小于50mm	第10.2.3条	1/4	√	√
	4	母线的相序排列及涂色检查	第10.2.4条	1/4	√	√
	5	母线槽的安装检查	第10.2.5条	1/4	√	√
施工单位检查结果		主控项目全部合格，一般项目均符合《建筑电气工程施工质量验收规范》GB 50303—2015要求。 项目专业工长：张×× 项目专业质量检查员：陈×× 20××年××月××日				
监理单位验收结论		主控项目、一般项目按照《建筑电气工程施工质量验收规范》GB 50303—2015的规定逐项抽查验收，验收合格。 监理工程师：赵×× 20××年××月××日				

梯架、托盘和槽盒安装检验批质量验收记录表

GB 50303—2015

07010301□□07020401□□
07030301□□07040401□□
07050201□□

单位（子单位）工程名称	北京××大厦	分部（子分部）工程名称	电气动力安装工程	分项工程名称	梯架、托盘和槽盒安装
施工单位	北京××建设工程有限公司	项目经理	李××	检验批容量	200m
分包单位	北京××机电安装工程公司	分包项目经理	王××	检验批部位	地下一层冷冻机房
施工依据（执行标准名称及编号）			《建筑电气安装工程施工质量验收规范》（GB 50303—2015）		

		验收项目	最小/实际抽样数量	施工单位检查记录	监理单位验收记录
主控项目	1	金属梯架、托盘或槽盒本体之间的连接，与保护接地导体的连接检查	第11.1.1条	2/20	✓	✓
	2	金属梯架、托盘和槽盒转弯、分支处，其电缆最小允许弯曲半径的检查	第11.1.2条	1/10	✓	✓
一般项目	1	当钢制梯架、托盘和槽盒直线长度超过30m，铝合金或玻璃钢制梯架、托盘和槽盒直线长度超过15m时，伸缩节检查	第11.2.1条	全/4	✓	✓
	2	梯架、托盘和槽盒与支吊架间及与连接板的固定螺栓、螺母检查	第11.2.2条	2/10	✓	✓
	3	梯架、托盘、槽盒及支吊架安装检查	第11.2.3条	全/20	✓	✓
	4	支吊架安装检查	第11.2.4条	1/10	✓	✓
	5	室外支吊架防腐检查	第11.2.5条	1/20	✓	✓
施工单位检查结果		主控项目全部合格，一般项目均符合《建筑电气工程施工质量验收规范》GB 50303—2015 要求。 项目专业工长：张×× 项目专业质量检查员：陈×× 20××年××月××日			
监理单位验收结论		主控项目、一般项目按照《建筑电气工程施工质量验收规范》GB 50303—2015 的规定逐项抽查验收，验收合格。 监理工程师：赵×× 20××年××月××日			

导管敷设检验批质量验收记录表

GB 50303—2015

单位（子单位）工程名称	北京××大厦	分部（子分部）工程名称	电气动力安装工程	分项工程名称	导管敷设
施工单位	北京××建设工程有限公司	项目经理	李××	检验批容量	100m
分包单位	北京××机电安装工程公司	分包项目经理	王××	检验批部位	屋面
施工依据（执行标准名称及编号）			《建筑电气安装工程施工质量验收规范》（GB 50303—2015）		

		验收项目		最小/实际抽样数量	施工单位检查记录	监理单位验收记录
主控项目	1	金属导管与保护联结导体连接检查	第12.1.1条	1/10	✓	✓
	2	钢导管不得采用对口熔焊连接；镀锌钢导管或壁厚小于或等于2mm的钢导管，不得采用套管熔焊连接	第12.1.2条	1/20	✓	✓
	3	塑料导管保护层厚度检查	第12.1.3条	1/20	✓	✓
	4	预埋套管的制作和安装检查	第12.1.4条	1/10	✓	✓
一般项目	1	导管的弯曲半径检查	第12.2.1条	1/10	✓	✓
	2	导管支吊架安装检查	第12.2.2条	1/5	✓	✓
	3	暗配导管表面保护层厚度检查	第12.2.3条	1/20	✓	✓
	4	进入配电柜、箱内的导管管口高度检查	第12.2.4条	1/10	✓	✓
	5	室外导管敷设检查	第12.2.5条	1/2	✓	✓
	6	明配电气导管检查	第12.2.6条	1/12	✓	✓
	7	塑料导管敷设检查	第12.2.7条	全/10	✓	✓
	8	可弯曲金属导管及柔性导管敷设检查	第12.2.8条	1/12	✓	✓
	9	特殊环境下导管敷设检查	第12.2.9条	/	/	/
施工单位检查结果		主控项目全部合格，一般项目均符合《建筑电气工程施工质量验收规范》GB 50303—2015要求。 项目专业工长：张×× 项目专业质量检查员：陈×× 20××年××月××日				
监理单位验收结论		主控项目、一般项目按照《建筑电气工程施工质量验收规范》GB 50303—2015的规定逐项抽查验收，验收合格。 监理工程师：赵×× 20××年××月××日				

电缆敷设检验批质量验收记录表

GB 50303—2015

07010501□□ 07020501□□
07030501□□ 07040601□□
07050401□□ 07060601□□

单位（子单位）工程名称	北京××大厦	分部（子分部）工程名称	供电干线安装工程	分项工程名称	电缆敷设
施工单位	北京××建设工程有限公司	项目经理	李××	检验批容量	200m
分包单位	北京××机电安装工程公司	分包项目经理	王××	检验批部位	地下一层走廊
施工依据（执行标准名称及编号）		《建筑电气安装工程施工质量验收规范》（GB 50303—2015）			

		验收项目	最小/实际抽样数量	施工单位检查记录	监理单位验收记录
主控项目	1	金属电缆支架必须与保护接地导体（PE）可靠连接检查	第13.1.1条	2/4	√	√
	2	电缆敷设严禁有绞拧、铠装压扁、护层断裂和表面严重划伤等检查	第13.1.2条	全/200	√	√
	3	当电缆敷设受到机械外力损伤、振动、浸水及腐蚀性，采取防护措施的检查	第13.1.3条	全/200	√	√
	4	电缆的型号、规格和长度的检查	第13.1.4条	全/200	√	√
	5	交流单芯电缆或分相后的电缆不得单独穿于钢导管内；固定用的夹具、支架不应形成闭合磁路的检查	第13.1.5条	全/20	√	√
	6	电缆穿过零序电流互感器的检查	第13.1.6条	1/4	√	√
	7	矿物绝缘电缆敷设的检查	第13.1.7条	/	/	/
一般项目	1	电缆支吊架安装检查	第13.2.1条	1/10	√	√
	2	电缆敷设检查	第13.2.2条	1/40	√	√
	3	直埋电缆回填土检查	第13.2.3条	全/4	√	√
	4	电缆标识牌检查	第13.2.4条	1/40	√	√
施工单位检查结果		主控项目全部合格，一般项目均符合《建筑电气工程施工质量验收规范》GB 50303—2015要求。 项目专业工长：张×× 项目专业质量检查员：陈×× 20××年××月××日			
监理单位验收结论		主控项目、一般项目按照《建筑电气工程施工质量验收规范》GB 50303—2015的规定逐项抽查验收，验收合格。 监理工程师：赵×× 20××年××月××日			

管内穿线和槽盒内敷线检验批质量验收记录表

GB 50303—2015

07010601□□ 07030601□□
07040701□□ 07050501□□
07060701□□

单位（子单位）工程名称	北京××大厦	分部（子分部）工程名称	电气动力安装工程	分项工程名称	管内穿线和槽盒内敷线
施工单位	北京××建设工程有限公司	项目经理	李××	检验批容量	100m
分包单位	北京××机电安装工程公司	分包项目经理	王××	检验批部位	地下一层消防泵房
施工依据（执行标准名称及编号）			《建筑电气安装工程施工质量验收规范》（GB 50303—2015）		

		验收项目	最小/实际抽样数量	施工单位检查记录	监理单位验收记录
主控项目	1	同一交流回路的绝缘导线不应敷设于不同的金属槽盒内或穿于不同金属导管内	第14.1.1条 1/20	√	√
	2	不同回路、不同电压等级的交流与直流线路不应穿于同一导管内检查	第14.1.2条 1/20	√	√
	3	绝缘导线接头检查	第14.1.3条 1/10	√	√
一般项目	1	绝缘导线采取导管或线槽保护，不可外露明敷检查	第14.2.1条 1/10	√	√
	2	管穿线前，清除管内杂物、积水，装设护线口检查	第14.2.2条 1/10	√	√
	3	槽盒连接的接线盒（箱）、槽盒盖板检查	第14.2.3条 全/16	√	√
	4	绝缘导线绝缘层颜色检查	第14.2.4条 1/10	√	√
	5	槽盒内绝缘导线、电缆敷设检查	第14.2.5条 1/10	√	√
施工单位检查结果		主控项目全部合格，一般项目均符合《建筑电气工程施工质量验收规范》GB 50303—2015要求。 项目专业工长：张×× 项目专业质量检查员：陈×× 20××年××月××日			
监理单位验收结论		主控项目、一般项目按照《建筑电气工程施工质量验收规范》GB 50303—2015的规定逐项抽查验收，验收合格。 监理工程师：赵×× 20××年××月××日			

塑料护套线直敷布线检验批质量验收记录表

GB 50303—2015

单位（子单位）工程名称	北京××大厦	分部（子分部）工程名称	电气照明安装工程	分项工程名称	塑料护套线直敷布线
施工单位	北京××建设工程有限公司	项目经理	李××	检验批容量	200m
分包单位	北京××机电安装工程公司	分包项目经理	王××	检验批部位	地下一电气夹层
施工依据（执行标准名称及编号）			《建筑电气安装工程施工质量验收规范》（GB 50303—2015）		

		验收项目		最小/实际抽样数量	施工单位检查记录	监理单位验收记录
主控项目	1	塑料护套线严禁敷设在建筑物顶棚内、墙体内、抹灰层内、保温层内和装饰面内	第15.1.1条	全/200	√	√
	2	塑料护套线穿越梁、柱、墙体、楼板等易受机械损伤的部位采取保护措施	第15.1.2条	全/100	√	√
	3	塑料护套线室内距地面敷设高度检查	第15.1.3条	全/30	√	√
一般项目	1	塑料护套线侧弯、平弯其弯曲半径的检查	第15.2.1条	1/10	√	√
	2	塑料护套线进入盒（箱）或与设备、器具连接入口处密封的检查	第15.2.2条	全/10	√	√
	3	塑料护套线固定的检查	第15.2.3条	1/20	√	√
	4	多根塑料护套线平行敷设间距一致，分支和弯头处整齐	第15.2.4条	1/12	√	√

施工单位检查结果	主控项目全部合格，一般项目均符合《建筑电气工程施工质量验收规范》GB 50303—2015 要求。 项目专业工长：张×× 项目专业质量检查员：陈×× 20××年××月××日
监理单位验收结论	主控项目、一般项目按照《建筑电气工程施工质量验收规范》GB 50303—2015 的规定逐项抽查验收，验收合格。 监理工程师：赵×× 20××年××月××日

钢索配线检验批质量验收记录表

GB 50303—2015

07050701□□
□□

单位（子单位）工程名称	北京××大厦	分部（子分部）工程名称	电气照明安装工程	分项工程名称	钢索配线
施工单位	北京××建设工程有限公司	项目经理	李××	检验批容量	50m
分包单位	北京××机电安装工程公司	分包项目经理	王××	检验批部位	地下二层羽毛球馆
施工依据（执行标准名称及编号）		《建筑电气安装工程施工质量验收规范》（GB 50303—2015）			

		验收项目	最小/实际抽样数量	施工单位检查记录	监理单位验收记录
主控项目	1	钢索的选用	第16.1.1条	全/50	✓	✓
	2	钢索端固定及其保护接地导体可靠连接	第16.1.2条	全/4	✓	✓
	3	钢索终端拉环过载试验	第16.1.3条	全/4	✓	✓
	4	不同钢索长度，钢索端的花篮螺栓设置	第16.1.4条	全/4	✓	✓
一般项目	1	钢索中间吊架及防跳锁定零件的检查	第16.2.1条	1/2	✓	✓
	2	钢索的承载和表面检查	第16.2.2条	全/2	✓	✓
	3	钢索配线支持件间、灯头盒间距离的检查	第16.2.3条	1/30	✓	✓

施工单位检查结果	主控项目全部合格，一般项目均符合《建筑电气工程施工质量验收规范》GB 50303—2015 要求。 项目专业工长：张×× 项目专业质量检查员：陈×× 20××年××月××日
监理单位验收结论	主控项目、一般项目按照《建筑电气工程施工质量验收规范》GB 50303—2015 的规定逐项抽查验收，验收合格。 监理工程师：赵×× 20××年××月××日

188

电缆头制作、导线连接和线路绝缘测试检验批质量验收记录表

GB 50303—2015

单位（子单位）工程名称	北京××大厦	分部（子分部）工程名称	变配电室安装工程	分项工程名称	电缆头制作、导线连接和线路绝缘测试
施工单位	北京××建设工程有限公司	项目经理	李××	检验批容量	20个
分包单位	北京××机电安装工程公司	分包项目经理	王××	检验批部位	地下一层配电室
施工依据（执行标准名称及编号）			《建筑电气安装工程施工质量验收规范》（GB 50303—2015）		

		验收项目	最小/实际抽样数量	施工单位检查记录	监理单位验收记录
主控项目	1	电力电缆通电前进行耐压试验检查	第17.1.1条	全/20	√	√
	2	低压配电线路线的绝缘电阻值检查	第17.1.2条	1/20	√	√
	3	电力电缆的铜屏蔽层、铠装护套、矿物绝缘电缆的金属护套和金属配件检查	第17.1.3条	1/10	√	√
	4	电缆端子与设备或电器元件连接检查	第17.1.4条	1/12	√	√
一般项目	1	电缆头检查	第17.2.1条	1/12	√	√
	2	导线与设备或电器元件连接检查	第17.2.2条	1/5	√	√
	3	铜芯线采用导线连接器或缠绕搪锡连接检查	第17.2.3条	1/4	√	√
	4	铝、铝合金电缆头及端子压接检查	第17.2.4条	/	/	/
	5	螺纹形接线端子与导线连接，其拧紧力矩值检查	第17.2.5条	1/10	√	√
	6	绝缘导线、电缆连接金具检查	第17.2.6条	2/4	√	√

施工单位检查结果	主控项目全部合格，一般项目均符合《建筑电气工程施工质量验收规范》GB 50303—2015 要求。 项目专业工长：张×× 项目专业质量检查员：陈×× 20××年××月××日
监理单位验收结论	主控项目、一般项目按照《建筑电气工程施工质量验收规范》GB 50303—2015 的规定逐项抽查验收，验收合格。 监理工程师：赵×× 20××年××月××日

普通灯具安装检验批质量验收记录表

GB 50303—2015

单位（子单位）工程名称	北京××大厦	分部（子分部）工程名称	电气照明安装工程	分项工程名称	普通灯具安装
施工单位	北京××建设工程有限公司	项目经理	李××	检验批容量	100套
分包单位	北京××机电安装工程公司	分包项目经理	王××	检验批部位	首层多功能大厅
施工依据（执行标准名称及编号）		《建筑电气安装工程施工质量验收规范》（GB 50303—2015）			

验收项目			最小/实际抽样数量	施工单位检查记录	监理单位验收记录
主控项目	1	灯具固定检查	第18.1.1条	全/6	√	√
	2	悬吊式灯具安装检查	第18.1.2条	1/3	√	√
	3	吸顶或墙壁安装灯具检查	第18.1.3条	1/3	√	√
	4	接线盒引至灯具接线检查	第18.1.4条	1/3	√	√
	5	Ⅰ类灯具外漏可导电部分检查	第18.1.5条	1/5	√	√
	6	敞开式灯具的灯头距地面距离检查	第18.1.6条	1/4	√	√
	7	埋地灯安装检查	第18.1.7条	1/5	√	√
	8	庭院灯、建筑物附属路灯安装检查	第18.1.8条	1/5	√	√
	9	防止玻璃罩向下坠落措施的检查	第18.1.9条	全/4	√	√
	10	LED灯具安装检查	第18.1.10条	1/5	√	√
一般项目	1	引向单套灯具绝缘导线截面积检查	第18.2.1条	1/5	√	√
	2	灯具的外形、灯头及其接线检查	第18.2.2条	1/5	√	√
	3	靠近可燃物时，灯具采取隔热、散热等防火保护措施检查	第18.2.3条	1/4	√	√
	4	配电室、电梯曳引机房安装灯具的检查	第18.2.4条	/	/	/
	5	投光灯的底座及支架检查	第18.2.5条	1/2	√	√
	6	聚光灯具出光口面与被照物体的最短距离检查	第18.2.6条	1/2	√	√
	7	导轨灯安装检查	第18.2.7条	1/2	√	√
	8	露天安装灯具泄水孔的检查	第18.2.8条	/	/	/
	9	安装于槽盒底部荧光灯具的检查	第18.2.9条	/	/	/
	10	庭院灯、建筑物附属路灯的安装检查	第18.2.10条	1/2	√	√
施工单位检查结果		主控项目全部合格，一般项目均符合《建筑电气工程施工质量验收规范》GB 50303—2015要求。 项目专业工长：张×× 项目专业质量检查员：陈×× 20××年××月××日				
监理单位验收结论		主控项目、一般项目按照《建筑电气工程施工质量验收规范》GB 50303—2015的规定逐项抽查验收，验收合格。 监理工程师：赵×× 20××年××月××日				

专用灯具安装检验批质量验收记录表

GB 50303—2015

单位（子单位）工程名称	北京××大厦		分部（子分部）工程名称	电气照明安装工程	分项工程名称	专用灯具安装
施工单位	北京××建设工程有限公司		项目经理	李××	检验批容量	100套
分包单位	北京××机电安装工程公司		分包项目经理	王××	检验批部位	室外
施工依据（执行标准名称及编号）			《建筑电气安装工程施工质量验收规范》（GB 50303—2015）			

		验收项目	最小/实际抽样数量	施工单位检查记录	监理单位验收记录
主控项目	1	Ⅰ类灯具外漏可导电部分检查	第19.1.1条	1/1	√	√
	2	应急照明灯具安装检查	第19.1.3条	1/4	√	√
	3	霓虹灯安装检查	第19.1.4条	全/15	√	√
	4	高压汞灯、金属卤化物灯安装检查	第19.1.5条	1/12	√	√
	5	景观照明灯具安装检查	第19.1.6条	全/16	√	√
	6	航空障碍标志灯安装检查	第19.1.7条	全/4	√	√
	7	太阳能灯具安装检查	第19.1.8条	1/2	√	√
	8	洁净场所灯具嵌入安装检查	第19.1.9条	/	/	/
	9	游泳池和类似场所灯具安装检查	第19.1.10条	全/12	√	√
一般项目	1	应急电源连接导线检查	第19.2.2条	1/4	√	√
	2	霓虹灯安装检查	第19.2.3条	1/2	√	√
	3	高压汞灯、金属卤化物灯安装检查	第19.2.4条	1/2	√	√
	4	景观照明灯具安装检查	第19.2.5条	1/2	√	√
	5	航空障碍标志灯安装检查	第19.2.6条	全/4	√	√
	6	太阳能灯具安装检查	第19.2.7条	1/2	√	√
施工单位检查结果		主控项目全部合格，一般项目均符合《建筑电气工程施工质量验收规范》GB 50303—2015要求。 项目专业工长：张×× 项目专业质量检查员：陈×× 20××年××月××日				
监理单位验收结论		主控项目、一般项目按照《建筑电气工程施工质量验收规范》GB 50303—2015的规定逐项抽查验收，验收合格。 监理工程师：赵×× 20××年××月××日				

开关、插座、风扇安装检验批质量验收记录表

GB 50303—2015

单位（子单位）工程名称	北京××大厦	分部（子分部）工程名称	电气照明安装工程	分项工程名称	开关、插座、风扇安装
施工单位	北京××建设工程有限公司	项目经理	李××	检验批容量	30 套
分包单位	北京××机电安装工程公司	分包项目经理	王××	检验批部位	五层二段客房
施工依据（执行标准名称及编号）			《建筑电气安装工程施工质量验收规范》（GB 50303—2015）		

验收项目			最小/实际抽样数量	施工单位检查记录	监理单位验收记录
主控项目	1	插座及其插头的区别使用	第 20.1.1 条	1/6	√	√
	2	不间断电源插座、应急电源插座设置标识	第 20.1.2 条	1/2	√	√
	3	插座接线	第 20.1.3 条	1/2	√	√
	4	照明开关安装的检查	第 20.1.4 条	1/2	√	√
	5	温控器接线、安装标高的检查	第 20.1.5 条	1/3	√	√
	6	吊扇安装的检查	第 20.1.6 条	/	/	/
	7	壁扇安装的检查	第 20.1.7 条	/	/	/
一般项目	1	暗装开关、插座面板安装和观感的检查	第 20.2.1 条	1/2	√	√
	2	插座安装的检查	第 20.2.2 条	1/2	√	√
	3	照明开关安装的检查	第 20.2.3 条	1/2	√	√
	4	温控器安装标高的检查	第 20.2.4 条	1/3	√	√
	5	吊扇安装的检查	第 20.2.5 条	/	/	/
	6	壁扇安装的检查	第 20.2.6 条	/	/	/
	7	换气扇安装的检查	第 20.2.7 条	1/1	√	√
施工单位检查结果		主控项目全部合格，一般项目均符合《建筑电气工程施工质量验收规范》GB 50303—2015 要求。 项目专业工长：张×× 项目专业质量检查员：陈×× 20××年××月××日				
监理单位验收结论		主控项目、一般项目按《建筑电气工程施工质量验收规范》GB 50303—2015 的规定逐项抽查验收，验收合格。 监理工程师：赵×× 20××年××月××日				

建筑物照明通电试运行检验批质量验收记录表

GB 50303—2015

07051201□□

单位（子单位）工程名称	北京××大厦	分部（子分部）工程名称	电气照明安装工程	分项工程名称	建筑照明通电试运行
施工单位	北京××建设工程有限公司	项目经理	李××	检验批容量	200个回路
分包单位	北京××机电安装工程公司	分包项目经理	王××	检验批部位	二段客房
施工依据（执行标准名称及编号）		《建筑电气安装工程施工质量验收规范》（GB 50303—2015）			

		验收项目	最小/实际抽样数量	施工单位检查记录	监理单位验收记录
主控项目	1	灯具回路控制与照明控制箱及回路的标识一致，开关与灯具控制顺序相对应	第21.1.1条	1/40	√	√
	2	照明系统全负荷通电连续试运行时间	第21.1.2条	1/20	√	√
	3	对设计有照度测试要求的场所检测其照度	第21.1.3条	全/30	√	√

施工单位检查结果	主控项目全部合格，一般项目均符合《建筑电气工程施工质量验收规范》GB 50303—2015要求。 项目专业工长：张×× 项目专业质量检查员：陈×× 20××年××月××日
监理单位验收结论	主控项目、一般项目按照《建筑电气工程施工质量验收规范》GB 50303—2015的规定逐项抽查验收，验收合格。 监理工程师：赵×× 20××年××月××日

接地装置安装检验批质量验收记录表

GB 50303—2015

单位（子单位）工程名称	北京××大厦	分部（子分部）工程名称	防雷及接地装置安装工程	分项工程名称	接地装置安装
施工单位	北京××建设工程有限公司	项目经理	李××	检验批容量	1组
分包单位	北京××机电安装工程公司	分包项目经理	王××	检验批部位	地下三层
施工依据（执行标准名称及编号）		《建筑电气安装工程施工质量验收规范》（GB 50303—2015）			

		验收项目	最小/实际抽样数量	施工单位检查记录	监理单位验收记录
主控项目	1	接地装置测试点的设置	第22.1.1条	全/1	✓	✓
	2	接地装置的接地电阻值测试	第22.1.2条	全/1	✓	✓
	3	接地装置材料的规格、型号检查	第22.1.3条	全/1	✓	✓
	4	降低接地电阻措施的检查	第22.1.4条	/	/	/
一般项目	1	接地装置埋设深度、间距检查，人工接地体与建筑物的外墙或基础之间的水平距离检查	第22.2.1条	全/20	✓	✓
	2	接地装置的搭接长度，焊接接头防腐检查	第22.2.2条	1/4	✓	✓
	3	接地极材质为铜材与钢材连接时，焊接接头的检查	第22.2.3条	/	/	/
	4	采取降阻措施接地装置的检查	第22.2.4条	/	/	/

施工单位检查结果	主控项目全部合格，一般项目均符合《建筑电气工程施工质量验收规范》GB 50303—2015要求。 项目专业工长：张×× 项目专业质量检查员：陈×× 20××年××月××日
监理单位验收结论	主控项目、一般项目按照《建筑电气工程施工质量验收规范》GB 50303—2015的规定逐项抽查验收，验收合格。 监理工程师：赵×× 20××年××月××日

变配电室及电气竖井内接地干线敷设检验批质量验收记录表

GB 50303—2015

单位（子单位）工程名称	北京××大厦	分部（子分部）工程名称	供电干线安装工程	分项工程名称	接地干线敷设
施工单位	北京××建设工程有限公司	项目经理	李××	检验批容量	2处
分包单位	北京××机电安装工程公司	分包项目经理	王××	检验批部位	地下一层变配电室
施工依据（执行标准名称及编号）		《建筑电气安装工程施工质量验收规范》（GB 50303—2015）			

		验收项目	最小/实际抽样数量	施工单位检查记录	监理单位验收记录
主控项目	1	接地干线与接地装置可靠连接	第23.1.1条 全/2	√	√
	2	接地干线的材料型号、规格	第23.1.2条 全/2	√	√
一般项目	1	接地干线的连接检查	第23.2.1条 2/4	√	√
	2	室内明敷接地干线支持件固定间距检查	第23.2.2条 1/3	√	√
	3	接地线的穿越及其保护	第23.2.3条 1/2	√	√
	4	接地干线穿越变形缝补偿措施检查	第23.2.4条 全/2	√	√
	5	接地干线焊接接头检查	第23.2.5条 2/2	√	√
	6	室内明敷接地干线安装检查	第23.2.6条 1/2	√	√

施工单位检查结果	主控项目全部合格，一般项目均符合《建筑电气工程施工质量验收规范》GB 50303—2015要求。 项目专业工长：张×× 项目专业质量检查员：陈×× 20××年××月××日
监理单位验收结论	主控项目、一般项目按照《建筑电气工程施工质量验收规范》GB 50303—2015的规定逐项抽查验收，验收合格。 监理工程师：赵×× 20××年××月××日

防雷引下线及接闪器安装检验批质量验收记录表

GB 50303—2015

单位（子单位）工程名称	北京××大厦	分部（子分部）工程名称	防雷及接地装置安装工程	分项工程名称	防雷引下线及接闪器安装
施工单位	北京××建设工程有限公司	项目经理	李××	检验批容量	6处
分包单位	北京××机电安装工程公司	分包项目经理	王××	检验批部位	屋面
施工依据（执行标准名称及编号）			《建筑电气安装工程施工质量验收规范》（GB 50303—2015）		

验收项目			最小/实际抽样数量	施工单位检查记录	监理单位验收记录
主控项目	1	防雷引下线的布置、数量和连接方式的检查	第24.1.1条	2/2	√	√
	2	接闪器的布置、数量和连接方式的检查	第24.1.2条	全/6	√	√
	3	接闪器与防雷下线焊接可靠性，防雷引下线与接地装置连接可靠性检查	第24.1.3条	全/20	√	√
	4	屋面旗杆、栏杆、装饰物、铁塔等永久性金属物各部件之间连接可靠性的检查	第24.1.4条	全/10	√	√
一般项目	1	引下线敷设，专用支架固定，引下线焊接面防腐检查	第24.2.1条	2/2	√	√
	2	幕墙金属框架和建筑物的金属门窗就近与防雷引下线可靠连接、防腐检查	第24.2.2条	1/1	√	√
	3	接闪杆、接闪带安装位置，防松配件，焊接防腐检查	第24.2.3条	全/10	√	√
	4	防雷引下线、接闪带焊接搭接长度检查	第24.2.4条	全/20	√	√
	5	接闪带安装检查	第24.2.5条	3/2	√	√
	6	接闪带通过建筑物伸缩缝、沉降缝的补偿措施检查	第24.2.6条	全/2	√	√
施工单位检查结果		主控项目全部合格，一般项目均符合《建筑电气工程施工质量验收规范》GB 50303—2015要求。 项目专业工长：张×× 项目专业质量检查员：陈×× 20××年××月××日				
监理单位验收结论		主控项目、一般项目按照《建筑电气工程施工质量验收规范》GB 50303—2015的规定逐项抽查验收，验收合格。 监理工程师：赵×× 20××年××月××日				

建筑物等电位联结检验批质量验收记录表

GB 50303—2015

07070301□□

□□

单位（子单位）工程名称	北京××大厦	分部（子分部）工程名称	防雷及接地装置安装工程	分项工程名称	建筑物等电位联结
施工单位	北京××建设工程有限公司	项目经理	李××	检验批容量	10处
分包单位	北京××机电安装工程公司	分包项目经理	王××	检验批部位	五层二段客房卫浴间
施工依据（执行标准名称及编号）			《建筑电气安装工程施工质量验收规范》（GB 50303—2015）		

		验收项目	最小/实际抽样数量	施工单位检查记录	监理单位验收记录
主控项目	1	建筑等电位联结的范围、型式、方法、部位及联结导体的材料和截面的检查	第25.1.1条 全/10	✓	✓
	2	等电位联结的外漏可导电部分或外界可导电部分采用焊接或采用螺栓连接的检查	第25.1.2条 1/10	✓	✓
一般项目	1	等电位联结的设置专用接线螺栓与等电位联结支线连接检查	第25.2.1条 1/1	✓	✓
	2	等电位联结线在地下暗敷时，其导体间连接的检查	第25.2.2条 全/1	✓	✓

施工单位检查结果	主控项目全部合格，一般项目均符合《建筑电气工程施工质量验收规范》GB 50303—2015要求。 项目专业工长：张×× 项目专业质量检查员：陈×× 20××年××月××日
监理单位验收结论	主控项目、一般项目按照《建筑电气工程施工质量验收规范》GB 50303—2015的规定逐项抽查验收，验收合格。 监理工程师：赵×× 20××年××月××日

第三节　建筑电气工程施工资料归档清单

1. 施工管理资料

编号	资料名称	所在卷、册 卷	所在卷、册 册	备注
	施工管理资料	第四卷	第一册	
1	施工现场质量管理检查记录			表C1-1
2	施工日志			表C1-2
3	工程技术文件报审表			表C1-3
※	附：施工组织设计（方案）审批表			●
※	北京××大厦工程建筑电气工程施工组织设计			●
※	室内干式变压器安装施工方案			●
※	低压成套配电柜和低压配电箱安装施工方案			●
※	消防泵房电动机和冷水机房电动执行机构检查接线施工方案			●
※	柴油发电机组安装施工方案			●
※	不间断电源装置及应急电源装置安装施工方案			●
※	电气设备试验和试运行施工方案			●
※	母线槽安装施工方案			●
※	梯架、托盘和槽盒安装施工方案			●
※	焊接钢管、镀锌钢管和套接紧定式镀锌钢导管敷设施工方案			●
※	电缆敷设施工方案			●
※	管内穿线和槽盒内敷线施工方案			●
※	塑料护套线直敷布线施工方案			●
※	钢索配线施工方案			●
※	电缆头制作、导线连接和线路绝缘测试施工方案			●
※	普通灯具安装施工方案			●
※	专用灯具安装施工方案			●
※	开关面板和插座面板安装施工方案			●
※	建筑物照明通电试运行施工方案			●
※	接地装置安装施工方案			●
※	变配电室和电气竖井内接地干线敷设施工方案			●

编号	资料名称	所在卷、册		备注
		卷	册	
※	防雷引下线和接闪器安装施工方案			●
※	建筑物等电位联结施工方案			●
4	分包单位资质报审表			表C1-4
※	附：分包单位资质材料、分包单位业绩材料、中标通知书			●
5	建设工程质量事故调（勘）查记录表			表C1-5
6	建设工程质量事故报告书表			表C1-6

2. 施工技术资料

编号	资料名称	所在卷、册		备注
		卷	册	
	施工技术资料	第四卷	第二册	
1	技术交底记录			表C2-1
※	室内干式变压器安装技术交底			●
※	低压成套配电柜安装技术交底			●
※	低压配电箱安装施工方案			●
※	消防泵房电动机检查接线技术交底			●
※	冷水机房电动执行机构检查接线技术交底			●
※	柴油发电机组安装技术交底			●
※	不间断电源装置安装技术交底			●
※	应急电源装置安装技术交底			●
※	电气设备试验和试运行技术交底			●
※	母线槽安装技术交底			●
※	梯架安装技术交底			●
※	托盘安装技术交底			●
※	槽盒安装技术交底			●
※	焊接钢管敷设技术交底			●
※	镀锌钢管敷设技术交底			●
※	套接紧定式镀锌钢导管敷设技术交底			●
※	电缆敷设技术交底			●
※	管内穿线敷线技术交底			●
※	槽盒内敷线技术交底			●

编号	资料名称	所在卷、册		备注
		卷	册	
※	塑料护套线直敷布线技术交底			●
※	钢索配线技术交底			●
※	电缆头制作和线路绝缘测试技术交底			●
※	导线连接和线路绝缘测试技术交底			●
※	普通灯具安装技术交底			●
※	专用灯具安装技术交底			●
※	开关面板和插座面板安装技术交底			●
※	建筑物照明通电试运行技术交底			●
※	接地装置安装技术交底			●
※	变配电室内接地干线敷设技术交底			●
※	电气竖井内接地干线敷设技术交底			●
※	防雷引下线安装技术交底			●
※	接闪器安装技术交底			●
※	建筑物等电位联结技术交底			●
2	图纸会审记录			表 C2-2
3	设计变更通知单			表 C2-3
4	工程变更洽商记录			表 C2-4

3. 施工物资资料

编号	资料名称	所在卷、册		备注
		卷	册	
	国家规范标准中应对物资进场有复试要求	第四卷	第三册	
1	材料见证试验报告记录			表 C4-5
※	附：电线、电缆见证试验报告			●
※	附：开关、插座见证试验报告			●
	建筑工程中使用的各种产品应提供产品合格证及检验报告	第四卷	第四册	
1	材料、构配件进场检验记录			表 C4-6
※	钢材性能检测报告			○
※	防火涂料性能检测报告及产品合格证			○
※	隔声/隔热/阻燃/防潮材料特殊性能检测报告、产品合格证			○
※	镀锌圆钢产品合格证、检测报告			○

编号	资料名称	所在卷、册		备注
		卷	册	
※	镀锌扁钢产品合格证、检测报告			○
※	槽钢产品合格证、检测报告			○
※	角钢产品合格证、检测报告			○
※	金属软管产品合格证、检测报告			○
※	镀锌钢管产品合格证、检测报告			○
※	焊接钢管产品合格证、检测报告			○
※	KBG、JDG 导管及配件产品合格证、检测报告			○
※	PVC 导管及配件产品合格证、检测报告			○
※	电缆桥架及附件产品合格证、检测报告			○
※	地面线槽产品合格证、检测报告			○
※	地面插座盒产品合格证、检测报告			○
※	防火泥产品合格证、检测报告			○
※	防火包产品合格证、检测报告			○
※	接线盒产品合格证、检测报告			○
※	开关、插座产品质量 CCC 认证证书、产品合格证、检测报告			○
※	筒灯灯具产品质量 CCC 认证证书、产品合格证、检测报告			○
※	壁灯灯具产品质量 CCC 认证证书、产品合格证、检测报告			○
※	荧光灯灯具产品质量 CCC 认证证书、产品合格证、检测报告			○
※	航空障碍灯灯具产品质量 CCC 认证证书、产品合格证、检测报告			○
※	格栅灯灯具产品质量 CCC 认证证书、产品合格证、检测报告			○
※	吸顶灯灯具产品质量 CCC 认证证书、产品合格证、检测报告			○
※	LED 灯灯具产品质量 CCC 认证证书、产品合格证、检测报告			○
※	消防应急指示灯具产品质量 CCC 认证证书、产品合格证、检测报告			○

编号	资料名称	所在卷、册		备注
		卷	册	
※	电焊条产品合格证、检测报告			○
※	电缆产品质量 CCC 认证证书、产品合格证、检测报告			○
※	电线产品质量 CCC 认证证书、产品合格证、检测报告			○
※	母线槽产品质量 CCC 认证证书、产品合格证、检测报告			○
※	梯架产品合格证、检测报告			○
※	托盘产品合格证、检测报告			○
※	槽盒产品合格证、检测报告			○
2	设备开箱检验记录			表 C4-7
※	磁卡电表计量检定证书、产品合格证、检测报告			●
※	变压器安装使用说明书、产品合格证、检测报告			○
※	高压配电柜产品质量 CCC 认证证书、产品合格证、检测报告			○
※	低压配电柜产品质量 CCC 认证证书、产品合格证、检测报告			○
※	蓄电池柜产品质量 CCC 认证证书、产品合格证、检测报告			○
※	直流屏产品合格证、检测报告			○
※	配电箱产品质量 CCC 认证证书、产品合格证、检测报告			○
※	等电位联结箱产品合格证、检测报告			○
※	接地电阻测试箱产品合格证、检测报告			○
※	避雷针产品合格证、检测报告			○
※	不间断电源装置产品合格证、检测报告			○
※	应急电源装置产品质量 CCC 认证证书、产品合格证、检测报告			○

4. 施工记录资料

编号	资料名称	所在卷、册		备注
		卷	册	
	施工记录资料	第四卷	第五册	
1	隐蔽工程验收记录			表 C5-1
※	室内干式变压器安装隐蔽工程验收记录			●
※	低压成套配电柜安装隐蔽工程验收记录			●

编号	资料名称	所在卷、册		备注
		卷	册	
※	低压配电箱安装隐蔽工程验收记录			●
※	消防泵房电动机接地隐蔽工程验收记录			●
※	冷水机房电动执行机构接地隐蔽工程验收记录			●
※	柴油发电机组安装隐蔽工程验收记录			●
※	应急电源装置安装隐蔽工程验收记录			●
※	母线槽安装隐蔽工程验收记录			●
※	梯架安装隐蔽工程验收记录			●
※	焊接钢管敷设隐蔽工程验收记录			●
※	镀锌钢管敷设隐蔽工程验收记录			●
※	套接紧定式镀锌钢导管敷设隐蔽工程验收记录			●
※	电缆敷设隐蔽工程验收记录			●
※	钢索配线接地隐蔽工程验收记录			●
※	电缆头制作隐蔽工程验收记录			●
※	专用灯具安装隐蔽工程验收记录			●
※	接地装置安装隐蔽工程验收记录			●
※	变配电室内接地干线敷设隐蔽工程验收记录			●
※	电气竖井内接地干线敷设隐蔽工程验收记录			●
※	防雷引下线安装隐蔽工程验收记录			●
※	接闪器安装隐蔽工程验收记录			●
※	建筑物等电位联结隐蔽工程验收记录			●
2	工序交接检查记录			表 C5-2
※	室内干式变压器安装工序交接检查记录			●
※	室外箱式变电所安装工序交接检查记录			●
※	低压成套配电柜安装工序交接检查记录			●
※	成套配电箱安装工序交接检查记录			●
※	电动机检查接线工序交接检查记录			●
※	电加热器检查接线工序交接检查记录			●
※	电动执行机构检查接线工序交接检查记录			●
※	柴油发电机组安装工序交接检查记录			●
※	不间断电源装置安装工序交接检查记录			●

编号	资料名称	所在卷、册		备注
		卷	册	
※	应急电源装置安装工序交接检查记录			●
※	母线槽安装工序交接检查记录			●
※	梯架安装工序交接检查记录			●
※	托盘安装工序交接检查记录			●
※	槽盒安装工序交接检查记录			●
※	导管敷设工序交接检查记录			●
※	电缆敷设工序交接检查记录			●
※	管内穿线工序交接检查记录			●
※	槽盒内敷线工序交接检查记录			●
※	塑料护套线直敷布线工序交接检查记录			●
※	钢索配线工序交接检查记录			●
※	电缆头制作工序交接检查记录			●
※	导线连接工序交接检查记录			●
※	普通灯具安装工序交接检查记录			●
※	专用灯具安装工序交接检查记录			●
※	开关安装工序交接检查记录			●
※	插座安装工序交接检查记录			●
※	风扇安装工序交接检查记录			●
※	接地装置安装工序交接检查记录			●
※	变配电室内接地干线敷设工序交接检查记录			●
※	电气竖井内接地干线敷设工序交接检查记录			●
※	防雷引下线安装工序交接检查记录			●
※	接闪器安装工序交接检查记录			●
※	建筑物等电位联结工序交接检查记录			●
3	施工过程检查记录			表 C5-3
※	室内干式变压器安装施工过程检查记录			●
※	室外箱式变电所安装施工过程检查记录			●
※	低压成套配电柜安装施工过程检查记录			●
※	低压成套配电箱安装施工过程检查记录			●
※	电动机检查接线施工过程检查记录			●

编号	资料名称	所在卷、册		备注
		卷	册	
※	电动执行机构检查接线施工过程检查记录			●
※	柴油发电机组安装施工过程检查记录			●
※	不间断电源装置安装施工过程检查记录			●
※	应急电源装置安装施工过程检查记录			●
※	母线槽安装施工过程检查记录			●
※	梯架安装施工过程检查记录			●
※	托盘安装施工过程检查记录			●
※	槽盒安装施工过程检查记录			●
※	导管敷设施工过程检查记录			●
※	电缆敷设施工过程检查记录			●
※	管内穿线施工过程检查记录			●
※	槽盒内敷线施工过程检查记录			●
※	塑料护套线直敷布线施工过程检查记录			●
※	钢索配线施工过程检查记录			●
※	电缆头制作施工过程检查记录			●
※	导线连接施工过程检查记录			●
※	普通灯具安装施工过程检查记录			●
※	专用灯具安装施工过程检查记录			●
※	开关、插座安装施工过程检查记录			●
※	接地装置安装施工过程检查记录			●
※	变配电室内接地干线敷设施工过程检查记录			●
※	电气竖井内接地干线敷设施工过程检查记录			●
※	防雷引下线及接闪器安装施工过程检查记录			●
※	建筑物等电位联结施工过程检查记录			●

5. 施工试验资料

编号	资料名称	所在卷、册		备注
		卷	册	
	施工试验资料	第四卷	第六册	
1	电动机检查（抽芯）记录			表 C6-1
2	低压配电电源质量测试记录			表 C6-2

编号	资料名称	所在卷、册		备注
		卷	册	
3	回路末端电压降测试记录			表 C6-3
4	大容量电气线路结点测温记录			表 C6-4
5	接地电阻测试记录			表 C6-5
6	防雷接地装置平面示意图			表 C6-6
7	电器器具通电安全检查记录			表 C6-7
8	绝缘电阻测试记录			表 C6-8
9	接地故障回路阻抗测试记录			表 C6-9
10	剩余电流动作保护器测试记录			表 C6-10
11	电气设备空载和负载试运行和记录			表 C6-11
12	柴油发电机测试记录			表 C6-12
13	应急电源装置测试记录			表 C6-13
14	灯具固定装置及悬吊装置载荷强度试验记录			表 C6-14
15	建筑物照明通电试运行记录			表 C6-15
16	接闪器和接闪带固定支架拉力测试记录			表 C6-16
17	接地（等电位）联结导通性测试记录			表 C6-17
18	电气设备交接试验检验记录			表 C6-18

6. 过程验收资料

编号	资料名称	所在卷、册		备注
		卷	册	
	室外电气安装工程子分部工程质量验收记录	第四卷	第七册	0701
04	变压器、箱式变电所安装检验批质量验收记录表			●
05	成套配电柜、控制柜（台、箱）和配电箱（盘）安装检验批质量验收记录表			●
11	梯架、托盘和槽盒安装检验批质量验收记录表			●
12	导管敷设检验批质量验收记录表			●
13	电缆敷设检验批质量验收记录表			●
14	管内穿线和槽盒内敷线检验批质量验收记录表			●
17	电缆头制作、导线连接和线路绝缘测试检验批质量验收记录表			●
18	普通灯具安装检验批质量验收记录表			●

编号	资料名称	所在卷、册		备注
		卷	册	
19	专用灯具安装检验批质量验收记录表			●
21	建筑物照明通电试运行检验批质量验收记录表			●
22	接地装置安装检验批质量验收记录表			●
变配电室安装工程子分部工程质量验收记录		**第四卷**	**第七册**	0702
04	变压器、箱式变电所安装检验批质量验收记录表			●
05	成套配电柜、控制柜（台、箱）和配电箱（盘）安装检验批质量验收记录表			●
10	母线槽安装检验批质量验收记录表			●
11	梯架、托盘和槽盒安装检验批质量验收记录表			●
13	电缆敷设检验批质量验收记录表			●
17	电缆头制作、导线连接和线路绝缘测试检验批质量验收记录表			●
22	接地装置安装检验批质量验收记录表			●
23	接地干线敷设检验批质量验收记录表			●
供电干线安装工程子分部工程质量验收记录		**第四卷**	**第七册**	0703
09	电气设备试验和试运行检验批质量验收记录表			●
10	母线槽安装检验批质量验收记录表			●
11	梯架、托盘和槽盒安装检验批质量验收记录表			●
12	导管敷设检验批质量验收记录表			●
13	电缆敷设检验批质量验收记录表			●
14	管内穿线和槽盒内敷线检验批质量验收记录表			●
17	电缆头制作、导线连接和线路绝缘测试检验批质量验收记录表			●
23	接地干线敷设检验批质量验收记录表			●
电气动力安装工程子分部工程质量验收记录		**第四卷**	**第七册**	0704
05	成套配电柜、控制柜（台、箱）和配电箱（盘）安装检验批质量验收记录表			●
06	电动机、电加热器及电动执行机构检查接线检验批质量验收记录表			●
09	电气设备试验和试运行检验批质量验收记录表			●

编号	资料名称	所在卷、册		备注
		卷	册	
11	梯架、托盘和槽盒安装检验批质量验收记录表			●
12	导管敷设检验批质量验收记录表			●
13	电缆敷设检验批质量验收记录表			●
14	管内穿线和槽盒内敷线检验批质量验收记录表			●
17	电缆头制作、导线连接和线路绝缘测试检验批质量验收记录表			●
20	开关、插座、风扇安装检验批质量验收记录表			●
	电气照明安装工程子分部工程质量验收记录	**第四卷**	**第七册**	0705
05	成套配电柜、控制柜（台、箱）和配电箱（盘）安装检验批质量验收记录表			●
11	梯架、托盘和槽盒安装检验批质量验收记录表			●
12	导管敷设检验批质量验收记录表			●
13	电缆敷设检验批质量验收记录表			●
14	管内穿线和槽盒内敷线检验批质量验收记录表			●
15	塑料护套线直敷布线检验批质量验收记录表			●
16	钢索配线检验批质量验收记录表			●
17	电缆头制作、导线连接和线路绝缘测试检验批质量验收记录表			●
18	普通灯具安装检验批质量验收记录表			●
19	专用灯具安装检验批质量验收记录表			●
20	开关、插座、风扇安装检验批质量验收记录表			●
21	建筑物照明通电试运行检验批质量验收记录表			●
	自备电源安装工程子分部工程质量验收记录	**第四卷**	**第七册**	0706
05	成套配电柜、控制柜（台、箱）和配电箱（盘）安装检验批质量验收记录表			●
07	柴油发电机组安装检验批质量验收记录表			●
08	不间断电源装置及应急电源装置安装检验批质量验收记录表			●
10	母线槽安装检验批质量验收记录表			●
12	导管敷设检验批质量验收记录表			●
13	电缆敷设检验批质量验收记录表			●

编号	资料名称	所在卷、册		备注
		卷	册	
14	管内穿线和槽盒内敷线检验批质量验收记录表			●
17	电缆头制作、导线连接和线路绝缘测试检验批质量验收记录表			●
22	接地装置安装检验批质量验收记录表			●
	防雷及接地装置安装工程子分部工程质量验收记录	**第四卷**	**第七册**	0707
22	接地装置安装检验批质量验收记录表			●
24	防雷引下线及接闪器安装检验批质量验收记录表			●
25	建筑物等电位联结检验批质量验收记录表			●

备注：●表示归档保存资料；○表示过程保存资料，可根据需要归档保存；归档顺序为卷、册、盒。

参 考 文 献

[1]　GB 50300—2013.建筑工程施工质量验收统一标准[S].北京：中国建筑工业出版社，2013

[2]　GB 50303—2015.建筑电气工程施工质量验收规范[S].北京：中国计划出版社，2016

[3]　DB11/T 695—2009.建筑工程资料管理规程[S].北京：北京市质量技术监督局，2010

[4]　张立新.机电安装工程技术资料表格填写范例[M].北京：中国建筑工业出版社，2007

[5]　张立新.北京市地方标准《建筑工程施工资料管理规程》培训辅导读本(机电工程部分)[M].北京：中国建筑工业出版社，2010

[6]　张立新.建筑电气工程施工及验收手册[M].北京：机械工业出版社，2012

[7]　DB 11/513—2015.绿色施工管理规程[S].北京：北京市住房和城乡建设委员会等，2015

[8]　张立新.国家优质工程施工技术资料填写范例[M].北京：中国电力出版社，2017